知れば知るほど面白い暦の謎

片山真人

三笠書房

はじめに

国立天文台「暦の専門家」による「暦」の楽しみ方

私は国立天文台で「暦」を作っています。

このように自己紹介をすると、たいてい怪訝（けげん）な顔をされてしまいます。「暦なんて最初から決まっているものでは？」「なぜ、天文台で暦を作るの？」みなさん、そうした疑問をもたれるのでしょう。

そもそも「暦」とは何でしょうか？

ざっくりいえば、暦とは1日1日に年・月・週・日などの概念を与え、私たちが計画的に生活するための道具といえます。私たちにとって暦は、あまりに身近で自然な存在なため、ふだん何の疑問もなく使っていることも多いと思われます。

ここで、1年を別な日数、たとえば360日にするとどうなるか考えてみましょう。暦面上の年は360日ごとに増えていきますが、季節変化は365日周期ですから、次第に日付と季節がずれていきます。これを避けるには1年を365日にせざるをえません。

このように、暦を構成する要素の多くは、季節変化など自然のもつ周期性をベースにしています。そして、その周期性は太陽や月の動きを観測することで得ることができます。

すなわち、暦を作るとは、それまでの太陽や月の動きから将来の動きを予測することであり、だから天文台で作られる、ということなのです。

みなさんも、次のような素朴な疑問を抱いた経験があると思います。

- 1年は、なぜ「365日」なのか？
- 1カ月は、なぜこのような長さなのか？
- 1週間は、なぜ「7日」なのか？

・「曜日」は、なぜこのような名前なのか？
・そもそも1日は、なぜ「24時間」なのか？

暦のしくみを知れば、そうした謎も霧が晴れたように理解できるでしょう。

本書は、1年・季節・1カ月・1週間・1日・1時間・1分・1秒・閏年・閏月・閏秒などなど、暦を構成する要素について、おもに天文学的な視点から解説をしてみました。後半では、それらの基本となる太陽や月の運動、日食や月食、潮汐といった現象についても踏み込んでいます。

本書が、暦の奥深い世界を知るきっかけとなれば幸甚です。

片山真人

「暦」はじつは、こんなに面白い！

2章 「1日」をめぐる謎

3章 「太陽の動き」で、いろんなことがわかる！

4章 「月」を知れば知るほど「暦」がもっと面白くなる

5章

神秘的な「日食」「月食」の不思議

「潮の満ち干」が、時間を狂わせている!?

コラム

編集協力　株式会社蒼陽社
本文DTP　宇那木孝俊
写真提供　アイルランド政府観光庁
　　　　　アマナイメージズ
本文イラスト　佐藤恵美子

「暦」はじつは、こんなに面白い！

1 1年は、なぜ「365日」か？

基本的に1年は365日からなり、4年に1度閏(うるう)年があって366日になることはご存じのことと思います。

では、なぜ365日だけでなく、366日の年も必要なのでしょう？

それにはまず、1年とは何か、1日とは何か、なぜ1年という概念が必要だったのかという問いに答えなければなりません。

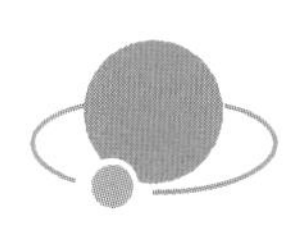

そもそも「1年」って何？

毎年、春には桜が咲き、新緑が芽生え、梅雨を経て夏になれば、せみの鳴き声が一面に響きわたります。台風がやってくる秋には農作物が収穫の時期を迎え、北風が吹いて冬が来ると、北国ではあたりが雪に覆(おお)われます。

このように、日本のような中緯度地域では、春夏秋冬という4つの季節がはっきりしていて、四季折々の風情を楽しむことができます。

これに対し、赤道付近の低緯度地域では、1年中気温はそれほど変化しませんが、雨の多い雨季と少ない乾季のような季節変化があります。また、北極や南極といった高緯度地域では1日中日が沈まない白夜(びゃくや)や、日が昇らない極夜(きょくや)があるなど、極端な季節変化をします。

冬に種をまいても作物は育たないように、人類が食料を確保し、生きていくためにはこの季節変化について知る必要がありました。その変化の周期こそ1年なのです。

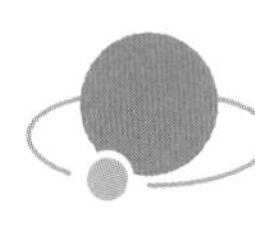

1年の長さは「365・25日」であると判明

変化の周期＝1年の長さはどのようにして調べるのでしょう？

農耕作業においては種まきや収穫のタイミングを季節変化に合わせる必要があり、はるか昔から人類はさまざまな創意工夫によってその時期を定めようとしました。

たとえば、日の出や日の入りの方向に石を並べる、棒を垂直に立てて太陽が真南に来たときの影の長さを測る（ノーモン＝日時計、圭表儀〈121ページ参照〉）、夜明けにシリウスのような恒星が昇る時期を記録する、日暮れに特定の星座が南中する（真南に来る瞬間）時期や北斗七星の向きを記録する、など

冬至の日の朝日が差し込むニューグレンジ遺跡（アイルランド）

ククルカンが降臨するチチェン・イッツァ遺跡（メキシコ）

といった具合です。

現在でも、世界各地でそうした痕跡を見出すことができます。

今から5000年前に作られたといわれるアイルランドのニューグレンジ遺跡では、冬至の日にだけ通路の奥まで朝日が差し込みます。イギリスのストーンヘンジやペルーのチャンキロ遺跡では、冬至の日の入りや夏至の日の出の方向に石が置かれています。メキシコのチチェン・イッツァ遺跡にある古代マヤ文明の神殿では、春分や秋分の日になると階段に大蛇（ククルカン）が舞い降りるといいます。

こうした観測の結果、1年の長さは365・25日ほどであることが判明しました。この長さを1太陽年（あるいは回帰年、自然年）といいます。

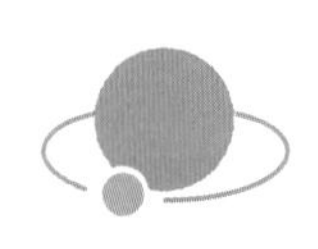

閏年がなければ「やがて12月が夏になる!?」

これに対して、古代エジプトでは1年＝365日という暦を作りましたが、これでは0・25日の差が積もり積もって季節と暦がずれていき、やがては12月が夏[*1]なんてことになります。

一方で、0・25×1460＝365日、つまり、1461暦年（暦の上での1年）＝1460太陽年であることを知っていて、祭事は暦年、農業は太陽年と使い分けをしていたようです。

ただ、暦上の月日と季節がずれていくのは、いくら頭でわかっていても不便なものです。

この問題を解決したのはエジプトを征服したローマの英雄ユリウス・カエサルでした。それが紀元前46年に制定されたユリウス暦です。

ユリウス暦では1年は365日ですが、4年に1度閏年ということで1年を366日とします。すると、（365＋365＋365＋366）÷4＝365・25日となって平均値が1太陽年と等しくなり、ずれが一方的に拡大するのを防ぐことができるのです。

＊1 もっとも、古代エジプトの季節は洪水・田植と成長・収穫の3区分ですが。

西洋の暦だけでなく、月の満ち欠けをもとにする暦を使っていた中国や日本でも1年の長さは重要な要素です。

たとえば、古代中国で用いられた初期の暦は四分暦と呼ばれますが、これは1年が365日と4分の1日からなることからきています。また中国流の角度の数え方にも影響があり、太陽は1日1度動くとして、円は1周360度ではなく365・25度とされていました。

さて、1太陽年の長さがちょうど365・25日であれば話はこれで終わりですが、より詳しい値は365・2422日となります。365・25－365・2422＝0・0078日はわずかな違いだと思うかもしれませんが、ちりも積もれば山となり、1300年もすると10日の違いになります。

しかも、この差は拡大する一方ですから問題です。

たとえば、イースター（復活祭）といえば、キリストが十字架にはりつけられて亡くなった後、復活したことを祝うお祭りであることはご存じだと思います。

イースターはよく春分かそれ以後の満月の後にくる最初の日曜日といわれます

が、ここでいう春分や満月は教会暦によるものであることに注意が必要です。教会暦では、春分は3月21日固定で、年や時差による変動はありません。また、満月も実際の月の満ち欠けではなく、平均の満ち欠けで決めたもので、やはり時差は考慮しません。こうすることで、長期間にわたって予定を立てることができ、世界中共通の日付に祝うことができるわけです。

春分の日を3月21日固定にすることを決めたのは西暦325年のニケア宗教会議だったのですが、ユリウス暦を長く使い続けたため、16世紀頃には実際の春分の日は3月11日頃となり、大きなずれができてしまいました。

このずれを修正するため、ローマ教皇グレゴリオ13世は1582年にグレゴリオ暦を導入することにしました。

グレゴリオ暦による閏年のルールは次の通りです。

1. 西暦が4で割り切れる年を閏年とする。
2. 1のうち、100で割り切れる年は閏年にしない。

3. 2のうち、400で割り切れる年は閏年とする。

（365・25－365・2422）×400＝3・12、すなわちユリウス暦のほうが400年で3日長い計算になりますから、閏年を3回減らせばよいわけです。

具体的には、1700年、1800年、1900年といった100の倍数は閏年にならず、2000年のような400の倍数は閏年になります。

したがって、400年に400÷4－3＝97回の閏年があることになり、平均の長さは（365×400＋97）÷400＝365・2425日、より太陽年に近い値にすることができます。

もちろん、このようにして定めたグレゴリオ暦も太陽年と完全には一致しません。閏年挿入のルールをさらに複雑にすればより近い値にすることは可能であり、実際たくさんの提案がなされましたが採用までにはいたらず、現在もグレゴリオ暦が使われています。

この理由としてはルールが複雑だと覚えきれないということのほかに、曜日の連続性ということもあると考えられます。じつは、グレゴリオ暦の４００年間の日数（３６５×４００＋97）は７の倍数で、４００年すると曜日が同じになるという特徴をもっているのです。

なお、グレゴリオ暦の改暦の際には、春分の日を３月21日に戻すため、日付は１５８２年10月４日の翌日を１５８２年10月15日として10日とばす一方、曜日は10月４日を木曜日、10月15日を金曜日として連続させています。

②「1カ月」って何？

1日がお日さま、すなわち太陽のことであるのに対し、1カ月はお月さまのことを指します。

昨日の太陽と今日の太陽の違いを判別することはほぼ不可能かと思いますが、月は新月→三日月→上弦→満月→下弦→新月と毎日、形や見える時間が変化していきます（図1-1および4章参照）ので、日付を数えるには便利です。

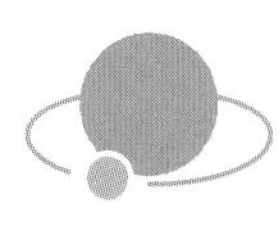

「月の満ち欠け」を数えれば、暦ができる

どのような文明でも、最初に誕生した暦は月の満ち欠けを数える太陰暦と呼ばれるものでした。

新月から新月までの周期（朔望月）は平均およそ29・5日であり、これが1カ月という概念のもとになっています。太陽年の長さを365日と366日を使って平均的に合わせたように、朔望月の長さ29・5日は、小の月（29日）と大の月（30日）を組み合わせることで実現することができます。

明治以前の日本でも、月の満ち欠けをもとにした暦が使われていました。その名残りはいろいろなところに見られます。

たとえば、1日は月が立つところなので「ついたち」、30日は月がこもるので「晦」あるいは三十路のような調子で「みそか」といいます。今でも年の終わりに紅白歌合戦を見ながら過ごす日は「大晦日」と呼んでいますね。また、1日が新月ですから15日の夜（十五夜）は満月に近くなり、各地でお月見が行なわれます。

さて、1カ月が29・5日ということは12カ月繰り返しても29・5×12＝354日であり、1年（365日）には11日ほど足りません。各月に1日ずつプラスすれば太陽暦に近づきますが、（閏年でない限り）今度は1日多くなります。また、各月の日数は一見ばらばらで規則性がないようにも見えます。

ここでは、どのように現在のような日数に決まったかを理解するために、ユリウス暦を生み出した古代ローマの暦の歴史を紐解いていきましょう。

古代ローマの不思議な「日付の数え方」

古代ローマの暦では各月の特定の日に名前がつけられています。

図1-1 月の満ち欠けは、なぜ起こる？

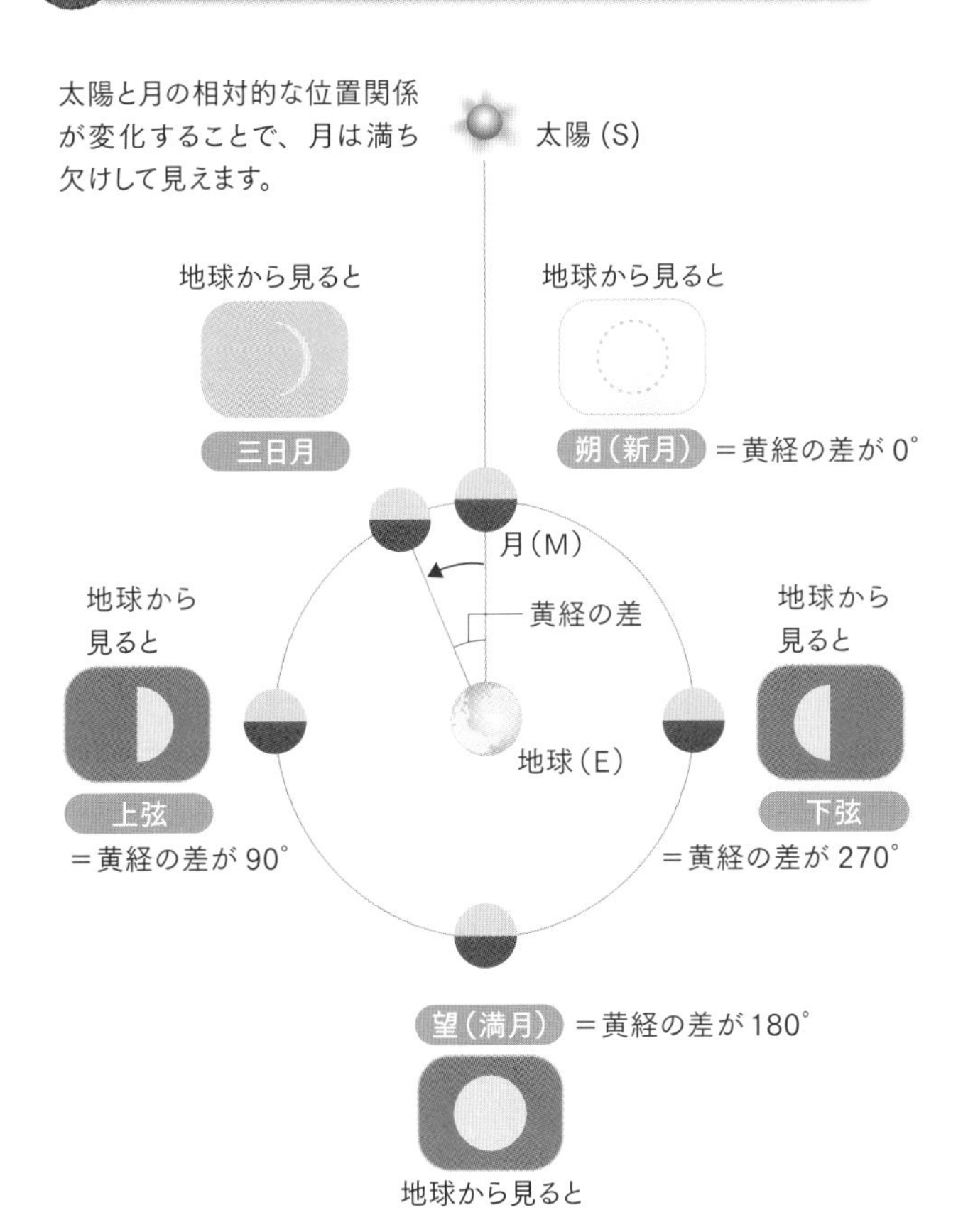

カレンデ（Kalendae）：1日。ラテン語で「宣言」や「布告」の意で、新月（三日月）が見えたときに新しい月の始まりを宣言することに由来します。カレンダーという言葉も語源は同じです。

ノネ（Nonae）：31日の月では7日、それ以外では5日。本来は三日月の太さを見て大神官が上弦までの期間を設定したようです。ラテン語で「9」の意で、イドゥスの9日前（イドゥスを含んで数える、後述）、すなわち上弦に相当します。

イドゥス（Idus）：31日の月では15日、それ以外は13日。ラテン語で「分ける」の意から、朔望周期を分ける満月に相当します。

シェークスピアの戯曲『ジュリアス・シーザー（ユリウス・カエサルの英語名）』の中で、カエサルは暗殺前に"Beware the Ides of March"（3月のイドゥスに気をつけろ）と預言されますが、3月のイドゥスとは3月15日のことを指しています。

それ以外の日については、カレンデまで何日、ノネまで何日、イドゥスまで何日というふうに逆向きに数えます。

たとえば3月10日はa.d. VI Id. Mart.（Martius（マルティウス）のイドゥス＝3月15日の6日前、a.d. = ante diem で逆に数えることを意味します）となります。

現代的には14、13、12、11、10と、3月10日は3月15日の5日前となりますが、古代ローマには0という概念がありませんでしたから15、14、13、12、11、10日と数えて「6日前」と表現することに注意してください。

イドゥスを過ぎると、今度は翌月のカレンデを基準にして数えます。たとえば、2月27日＝a.d. III Kal. Mart.（Martius のカレンデの3日前）という具合です。

コラム1 古代ローマの暦とは?

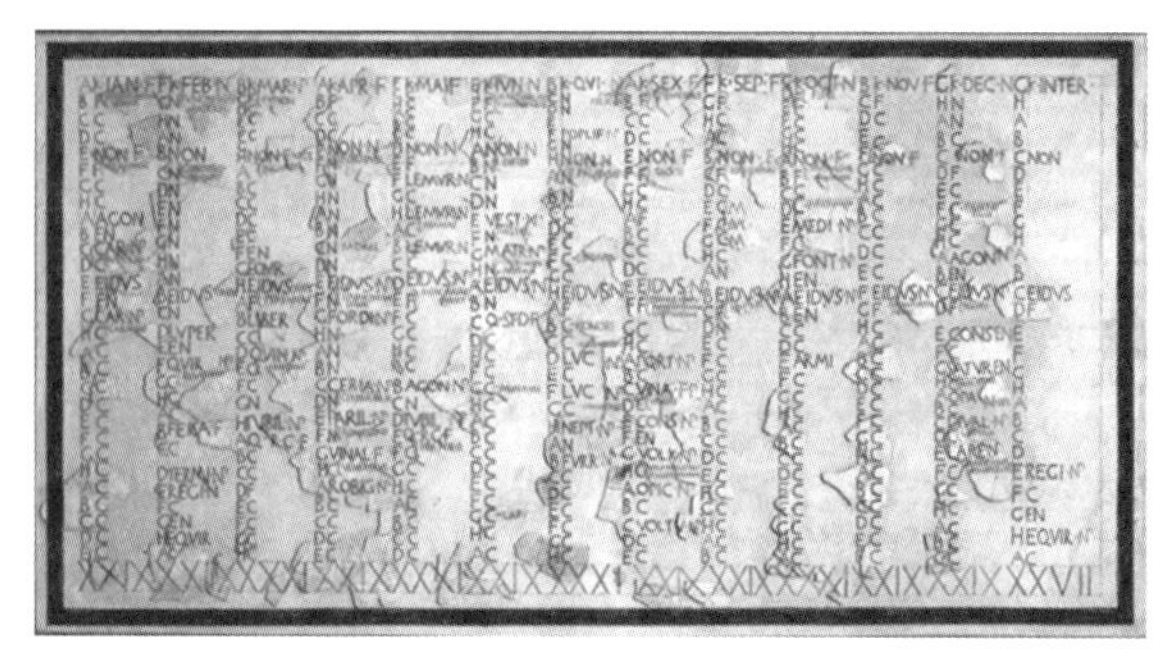

ローマ国立博物館所蔵

これは古代ローマのカレンダーで、fasti（ファスティ）と呼ばれています。各月は縦に1列に並べられ、日付ではなくAからHまでの記号が順に割り振られているのがわかります。この8日の周期は市場の開催を示しており、いわば1週間＝8日であったわけです。

こういった復元可能な暦がたくさん見つかれば、古代ローマの暦の全貌が明らかになるわけですが、残念ながらその数は限られており、解明は後世の歴史家の残した書物に頼らざるをえません。

しかし、そうした書物も記述が断片的だったり、紀元前後に書かれたものでも理由が不明とされたり、相互に食い違いがあったりするので、なかなかすっきりした説明ができないというのが実情です。

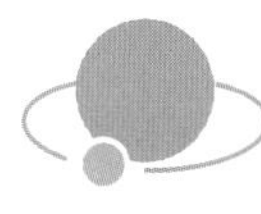

名前や日数は古代ローマで決まっていた!?

古代ローマで暦が定式化されたのは紀元前8世紀頃、伝説の王ロムルスの時代のロムルス暦が最初といわれています。

カレンデ、ノネ、イドゥスという名前から、本来は月の満ち欠けを基準にしていたのは明らかなのですが、ロムルス暦は、30日の月が6つ、31日の月が4つの合計304日、10カ月で、残りの61日は冬で休息の季節として数えない、なんとも変則的な暦だったそうです。

ロムルス暦の1年はMartiusに始まります。Martiusは軍神Mars（マルス）に由来し、Marchの原型になっています。

続くAprilis（アプリリス）は女神Aphrodite（アフロディーテ）に由来してAprilの原型に*2、Maius（マイウス）、Iunius（ユニウス）はMayとJuneの原型で、それぞれ女神Maia（マイア）とJuno（ユノー）という説もありますが、

*2（つぼみ）が開くという意味のaperit（アペリト）に由来するという説もあります。

単に老人（maiores）と若者（iuniores）という説もありはっきりしていません。

そこから先 Quintilis、Sextilis、September、October、November、December はそれぞれ5番目、6番目、7番目、8番目、9番目、10番目の月という意味です。October が8番目の月であることは、8本足のたこを英語で Octopus と呼ぶことからも連想できますね。

名前以外に、Martius（現在の3月）、Maius（現在の5月）、Quintilis（現在の7月）、October（現在の10月）が31日な点も共通しています。

1年304日というのはさすがに不便だったらしく、その後作られたヌマ暦には Ianuarius と Februarius という月が加えられました。

Ianuarius は顔を2つもち、1つは過去を、1つは未来を見据えて門を守護する神 Janus に由来し January の原型に、Februarius は祓いや清めを意味する februare に由来し February の原型になっています。

月の日数については30日の月（6つ）が29日に減らされ、Ianuarius は29日、

Februarius は28日、1年の日数は合計355日となりました。1年の合計日数は太陰暦に近いのですが、なぜか Ianuarius を28日ではなく29日としてしまったため、1日多くなったのです。これは、ローマ人が偶数は不幸の数であるとして嫌っていたからともいわれています。

唯一の例外として Februarius の28日がありますが、この月は祓いや清めの月であり、不幸でもよいとされたようです。また、Februarius 以外はイドゥスからカレンデの間の日数が同じ（16日）になるので、日付を逆向きに数えるためにも便利だったように思います。

太陽年とのずれは閏月（mensis intercalaris（メンシス インテルクラリス））で調整することになりました。調整には当時の年末だと考えられていた（後述）Februarius が用いられました。具体的には通常28日の Februarius を2年に1度、23日か24日とし、その翌日から27日の閏月を挿入するというやり方です。

ただし、これでは1年の平均日数は（355＋377＋355＋378）÷4＝366・25となり、太陽年より1日多いことになります。

また、23日で朔望月が一巡することはありませんから、月の満ち欠けとも大きなずれが生じます。

閏月の挿入やその長さの決定は大神官が担っていましたが、そもそも太陰暦とも太陽暦ともつかず基準のはっきりしない暦が混乱を招いたのは想像に難くありません。

あるいは政治的・経済的な理由で意図的に、あるいは単に戦争で忙しかったために、閏月が正しく挿入されず、暦と季節が大きくずれる事態が発生することになりました。

最終的には、紀元前46年の1年＝445日という大混乱の年を経て、ユリウス・カエサルによりユリウス暦が導入されることになりました。

この暦は彼が支配下に治めたエジプトの天文学の知識を採用して、通常は1年＝365日、4年に1度だけ366日とすることにより、平均365・25日を実現する暦です。彼の功績をたたえて、その誕生月であるQuintilisはIulius（ユリウス）に改称されています。Julyの原型ですね。

カエサルの死後、4年に1度であるはずの閏年を3年に1度入れるという間違いが発生しました。これを正した皇帝のアウグストゥスの業績をたたえて、元老院はSextilisをAugustus（アウグストゥス）に改称することを決めました。Augustの原型ですね。その後の皇帝たちもこぞって名前を変えていきましたが、どれも定着しませんでした。

いみじくも、アウグストゥスを継いだ皇帝ティベリウスは「皇帝が13人になったらどうするのか」と尋ね、自分の名前をつけることを拒んだといわれています。

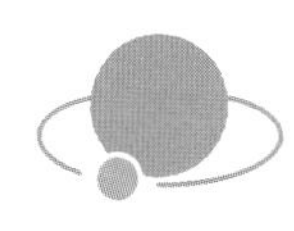

そして8番目の月が10月になった

IanuariusとFebruariusについては、両方年末に挿入した、両方年初に挿入した、Ianuariusは年初でFebruariusは年末に挿入したなど、諸説があります。年末に入れられたとすればどこかで順序が変わっているはずですが、これがいつ、誰によるものかはっきりしていないのです。

しかし、執政官が執務を始めるのがMartiusのイドゥス（15日）であった（当時は年を執政官の名前で記録しました）こともあり、1年はMartiusに始まり、Februariusに終わるという考えは根強く残ったようです。したがって、閏月による調整もFebruariusで行なわれていました。

その後、スペインで起きた反乱に対応するため紀元前153年から執政官の執務開始がIanuariusの1日に移り、ユリウス暦で正式にIanuariusの1日を年初としたにもかかわらず、今なお閏年の調整を2月に行なうようにしたのはその名残りです。

また、年初をIanuariusとしたことにより2月ずつずれるので、7番目の月だったSeptemberが9月に、8番目の月だったOctoberが10月になりました。

暦は繰り返すものですから、1年の始まり、すなわち年初をどこにするかには自由度があります。にもかかわらず、ユリウス暦導入を目前にした紀元前46年を1年＝445日という大混乱の年にしてまで調整した理由は何だったのでしょうか。

これもはっきりとはわかりませんが、結果的に冬至付近が年初になったのは事実です。

1年の始まりは弱まった（ように見える）太陽が再生する冬至、1カ月の始まりは見えなくなった月が再生する新月、1日の始まりは地平線から太陽が再生する日の出というところなのでしょうか。

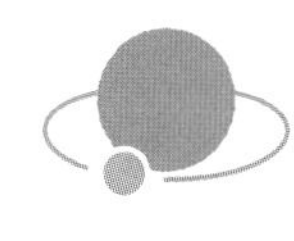

2月は短いまま取り残された

ユリウス暦の改革で各月の長さが奇数月は31日、偶数月は30日（2月は平年29日、閏年30日）とされ（39ページの表　ユリウス暦（2））、その後アウグストゥスの時代にSextilisがAugustusとなった際に、カエサルの名のついたIuliusと長さを同じくするため、年末と考えられていた2月から1日奪い、各月の長さも変更したとする説があります。

説明自体には筋が通っていてわかりやすいのですが、いろんな歴史書や発掘資料を調べていくと、どうもこれは正しくないようなのです。

先に述べたように、古代ローマでは日付を逆向きに数えていました。この状況下で月末に1日を加えると行事の日付がずれてしまい混乱を招いてしまいます。古代ローマが日本や中国のように月の満ち欠けをきちんと予測せず、固定した日数を用いていたのはそれを防ぐためでしょう。

結局、ユリウス改暦では、7つあった29日の月に10日を割り振り、現在の日数ができ上がりました（次ページの表　ユリウス暦（1））。日付変更の影響を最小限にとどめるため、新しく31日となった月でもノネやイドゥスの日付はそれぞれ5日と13日のままとされました。

また、2月は祓いや清めの月であり、宗教的意味合いの強い祭礼が多くあっ

古代ローマの暦と各月の日数

	月名	ロムルス暦	ヌマ暦
1月	Ianuarius		29
2月	Februarius		28
3月	Martius	31	31
4月	Aprilis	30	29
5月	Maius	31	31
6月	Iunius	30	29
7月	Quintilis	31	31
8月	Sextilis	30	29
9月	September	30	29
10月	October	31	31
11月	November	30	29
12月	December	30	29
合計（閏）		304	355(377, 378)

	月名	ユリウス暦（1）	ユリウス暦（2）
1月	Ianuarius	31	31
2月	Februarius	28 (29)	29 (30)
3月	Martius	31	31
4月	Aprilis	30	30
5月	Maius	31	31
6月	Iunius	30	30
7月	Quintilis(Iulius)	31	31
8月	Sextilis(Augustus)	31	30
9月	September	30	31
10月	October	31	30
11月	November	30	31
12月	December	31	30
合計（閏）		365(366)	365(366)

たため、日数の変更を避けたようです。

ユリウス暦で閏年に追加する1日についても、現在のように2月28日の後ではなく、2月24日を2回繰り返すという方法がとられました。a.d. VI Kal. Mart. の次が a.d. bis. VI Kal. Mart. (dies bissextilis〔ディエス ビスセクスティリス〕)（bis とは2回繰り返すこと）とすることで、祭礼の日付変更が避けられるわけです。閏年のことを bissextile year〔ビセクスタイル イヤー〕と呼ぶことがあるのはそれに由来しています。

各月の日数の変遷をまとめると前ページの表のようになります。

3 「季節」は、なぜ変化する?

季節のめぐりが1年であることは前に述べた通りです。

それでは、なぜ季節は変化するのでしょうか。

季節とともに変わるものといえば、たとえば昼の長さ、太陽の南中高度、日の出入りの方位などがありますね。

そうです、季節は太陽の動きに関係しているのです。

ここで、実際に動いているのは太陽というより地球のほうですから、地球の動きについて考えてみましょう。

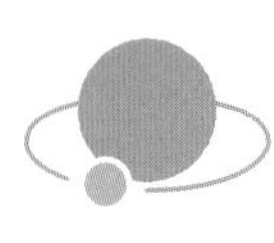

「夏は暑く、冬は寒い」理由

地球は太陽の周りを公転していますが、地球の自転軸は公転面に対して垂直ではなく23・4度ほどの傾きをもっています。この傾きを保ったまま地球が公転すると、北極側が太陽の方向を向く時期と南極側が太陽の方向を向く時期が交互に訪れることになります（図1－2参照）。

図1－3で、太陽を向いている面は太陽の光が当たって昼となり、反対側は夜となっています。

地球は自転軸を中心に1日1回のペースで自転していますから、たとえば北極側が太陽を向いていると、北半球では昼側にいる時間すなわち昼が長く、夜側にいる時間すなわち夜が短いことがわかります。

地球は自転軸が傾いたまま太陽の周りを公転している

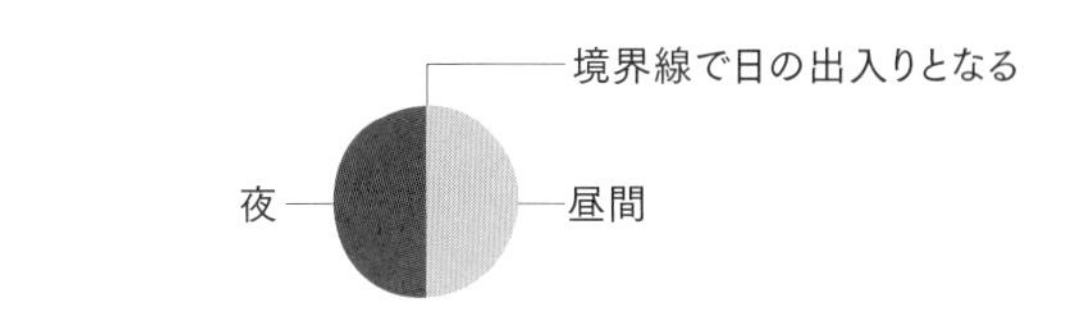

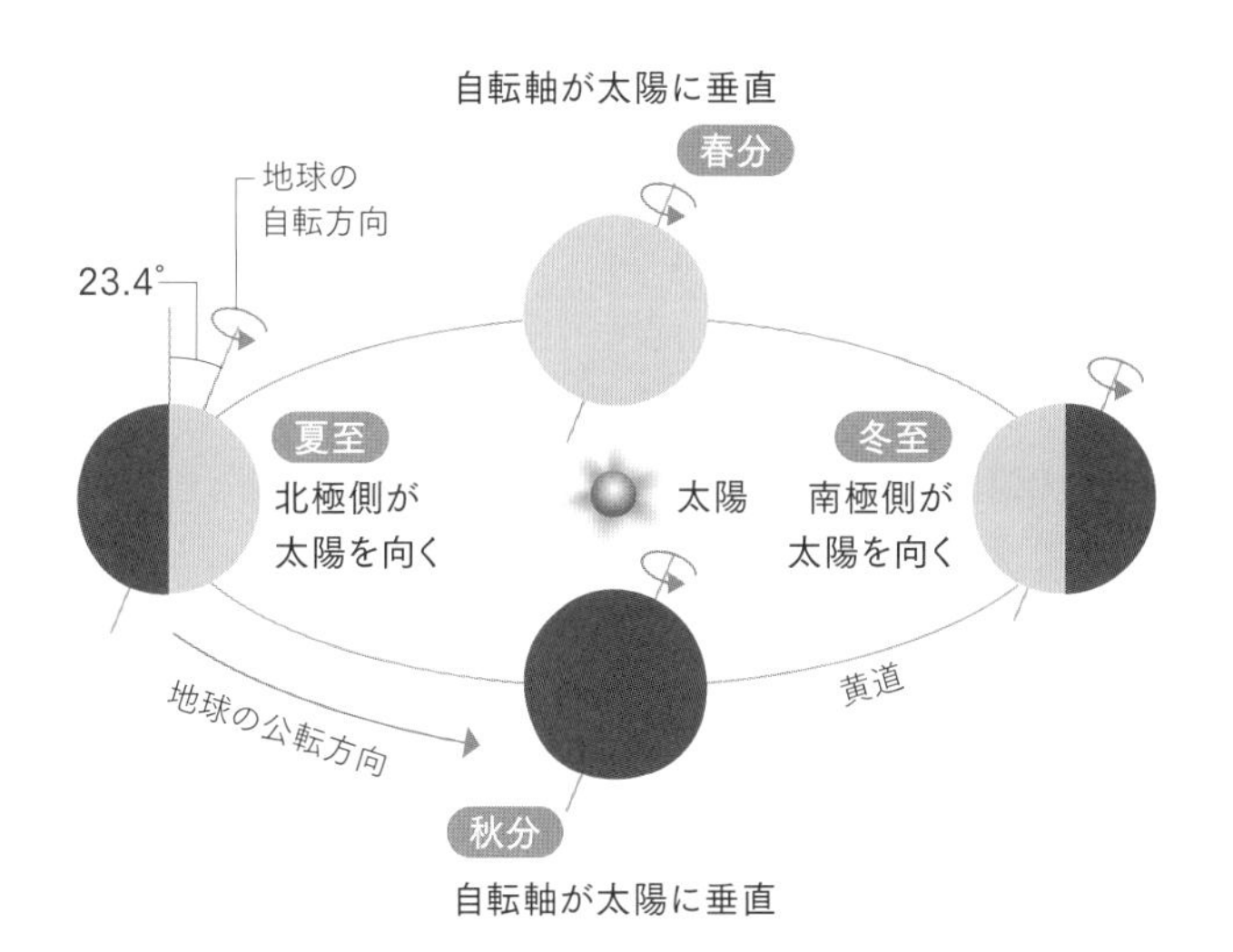

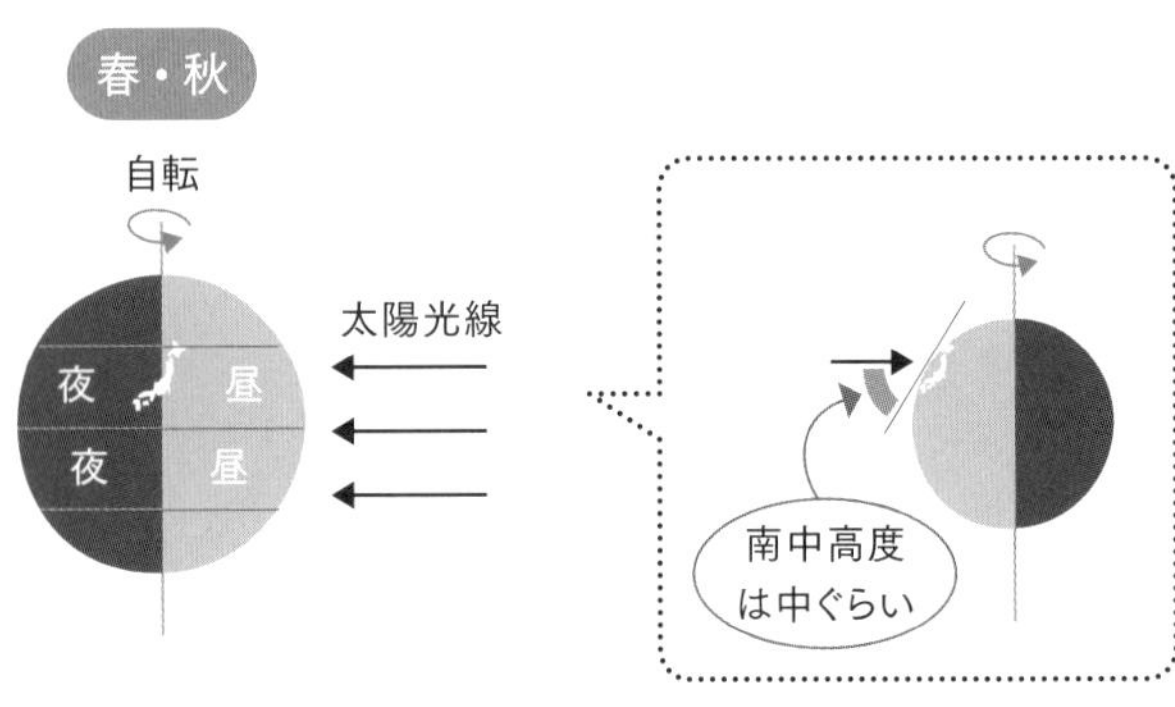
春・秋
自転
太陽光線
夜
昼
夜
昼
南中高度
は中ぐらい

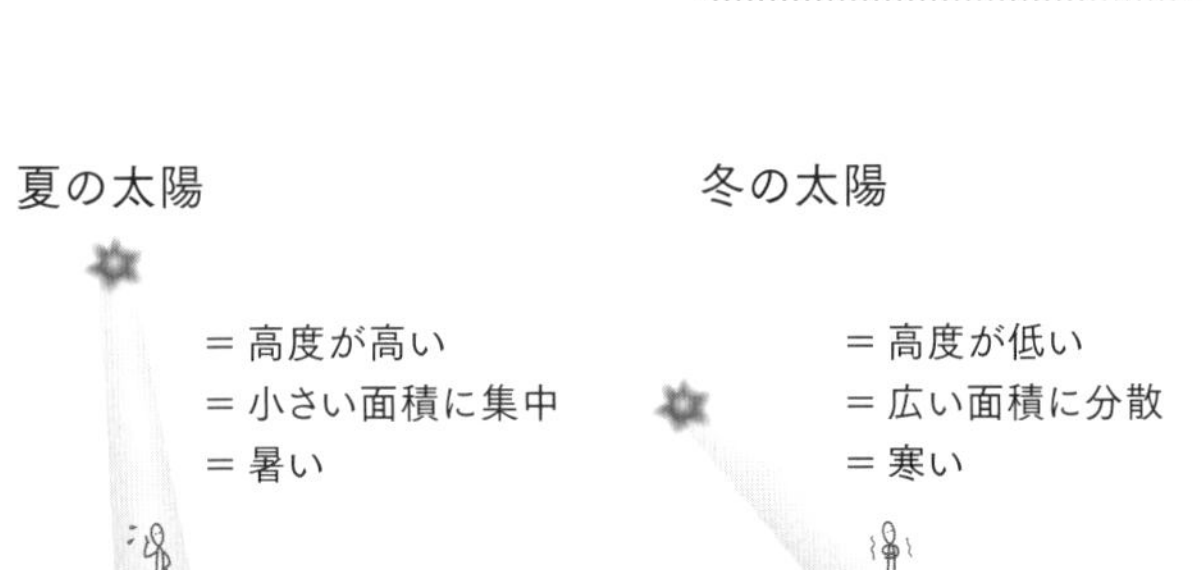
夏の太陽
＝高度が高い
＝小さい面積に集中
＝暑い
冬の太陽
＝高度が低い
＝広い面積に分散
＝寒い

自転軸の向きと季節の関係とは?

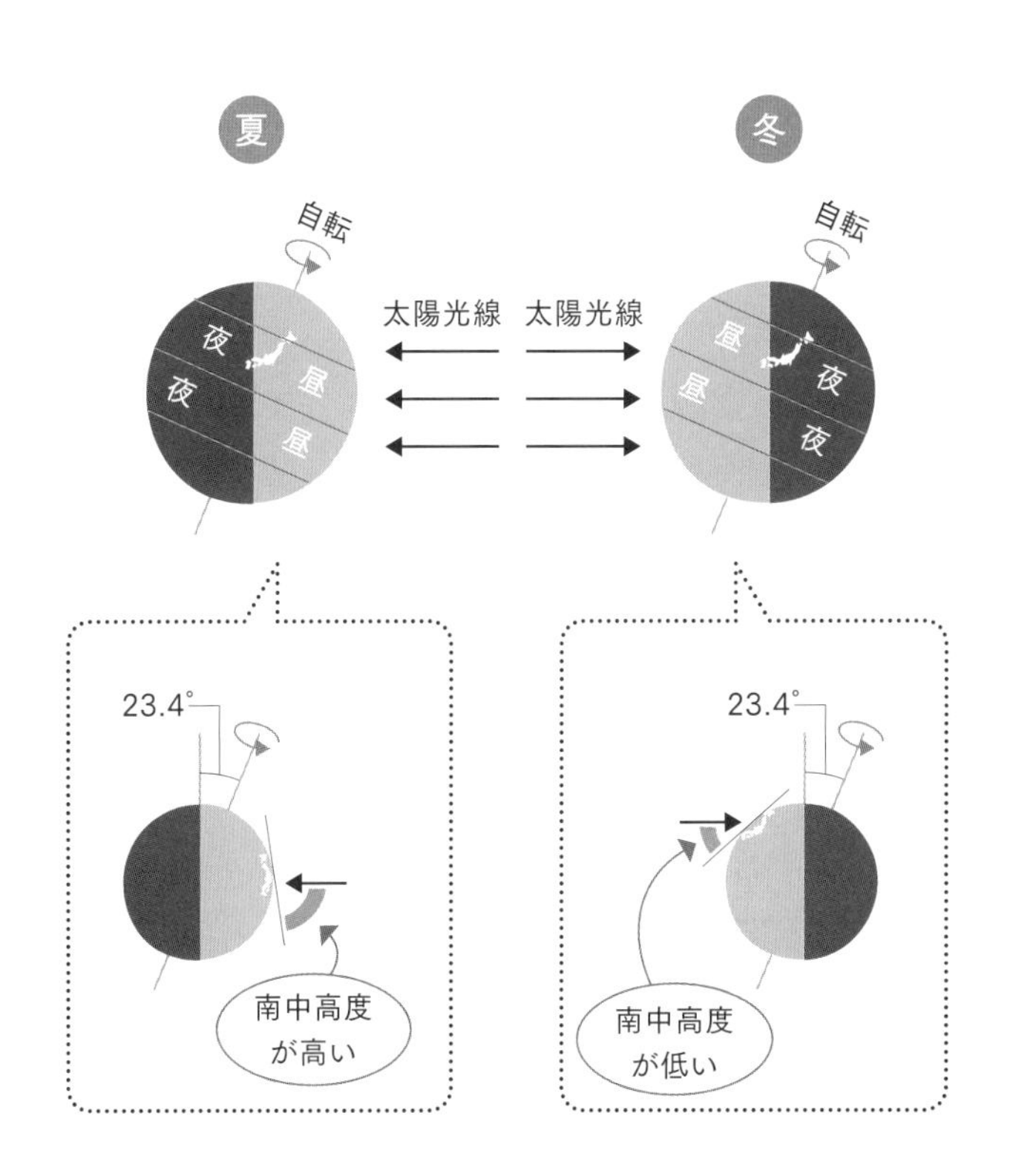

また、このときには太陽の南中高度が高くなり、単位面積当たりの太陽光線の量は大きく、したがって暑くなります。昼が長く、暑い季節＝夏ですね。

逆に、北極側が太陽と反対を向いていると、北半球では昼が短く、夜が長いこと、太陽の南中高度が低くなり、単位面積当たりの太陽光が少なく、寒くなることもわかります。昼が短く、寒い季節＝冬ですね。

また、夏と冬の間にはいうまでもなく春や秋があります。春や秋には昼夜の境界と自転軸の向きが一致して、昼と夜の長さがほぼ等しくなります。

そして、地球が太陽の周りを1周することで、季節もひとめぐりし、1年が経過します。つまり、1年の長さは地球の公転周期に等しいのです。

ちなみに、図1－3からは北半球と南半球では季節が逆になること、赤道付近では1年中昼の長さがほとんど変化しないこと、極付近では1日中太陽が沈まない季節（白夜）や逆に昇らない季節（極夜）があることもわかりますね。

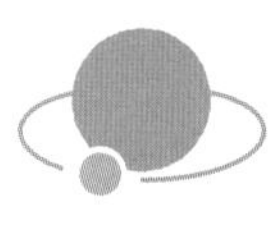

立春――「暦の上では春」なのに、なぜ寒い？

地球が公転することで季節が変化するということは、逆に地球が軌道上のどこにいるかがわかれば季節がわかることになります。

前項で説明した自転軸の北側が太陽を向く夏至、逆に南側が太陽を向く冬至、その中間で自転軸が太陽に対して垂直になる春分と秋分は「二至二分（にしにぶん）」ともいい、とくに重要な目印となります。

現在我々が使っている暦は太陽暦（グレゴリオ暦）といって太陽の動きをもとにしていますから、冬至や夏至の日付はほとんど毎年変わりません。

一方、明治時代よりも前の日本では月の満ち欠けをもとにした暦（太陰暦）を使っていました。月の満ち欠けの周期は約29・5日で、毎日形が変わっていくので数えやすいという特徴があります。

しかし、太陰暦はたとえ12回満ち欠けを繰り返して12カ月たっても、354日にしかならず、いわゆる1年よりも11日も短いのでしたね。このため、仮にある年の夏至が6月21日だったとしても、翌年は11日遅くなって7月という具合になります。これでは、「種まきは○月×日にしよう」などという計画は立てることができません。

そこで、日付とは別に冬至・夏至・春分・秋分などからなる二十四節気（せっき）が暦に載せられました。

二十四節気は、1太陽年を24に分割したもので、それぞれ季節に対応した目印となっています。これを参考にすることで、太陰暦を使いながらも計画的に農業を実施していくことができるようになったわけです。

よく耳にする「暦の上では春」という表現は立春の日を指しています。立春は春の始まりを意味しますが、小寒・大寒で峠を越えたとはいえ、もうしばらく寒さは残ります。また、二十四節気はもともと古代の中国北方で成立した概念であり、必ずしも現代の日本の気候にあった表現になっているとは限りません。

図1-4 二十四節気は季節に対応した目印

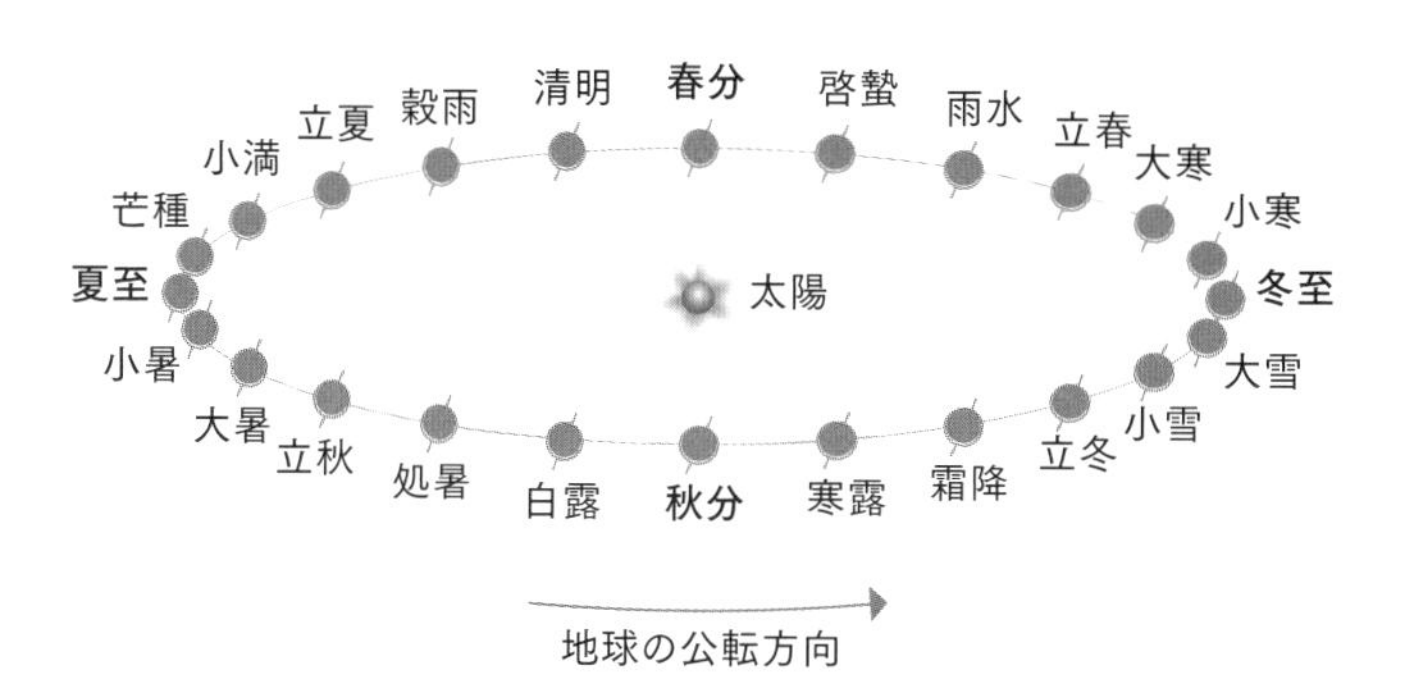

二十四節気がいつかを定めるには、大きく分けて2つの方法があります。

1つは1太陽年の長さを24等分する方法で平気法（あるいは常気法、恒気法）と呼ばれます。1太陽年を365・2422日とすれば、365・2422÷24＝15・2184日で等間隔に定めることになります。この方法は簡便ではありますが、地球の公転スピードが一定ではないために、地球の自転軸の向きと太陽の位置関係は先に説明したようにはなってくれないのです。

この点を解消するため考えられたのが、定気法（あるいは実気法）と呼ばれる方法です。定気法では地球の公転軌道上の位置を角度で24等分します。1周360度ですから、二十四節気の間隔は360÷24＝15度です。普通、角度（黄経）は春分を0度として測りますから、夏至は90度、秋分は180度、冬至は270度となります。

地球の自転軸の向きと太陽の位置関係は説明通りとなる反面、各節気間の時間間隔は、地球の公転スピードが速ければ15・2184日よりも短く、遅ければ長くなりますから、複雑です。

どちらの決め方が正しいというわけではありませんが、日本の暦では天保暦以後この方式が採用され、現在に至っています。

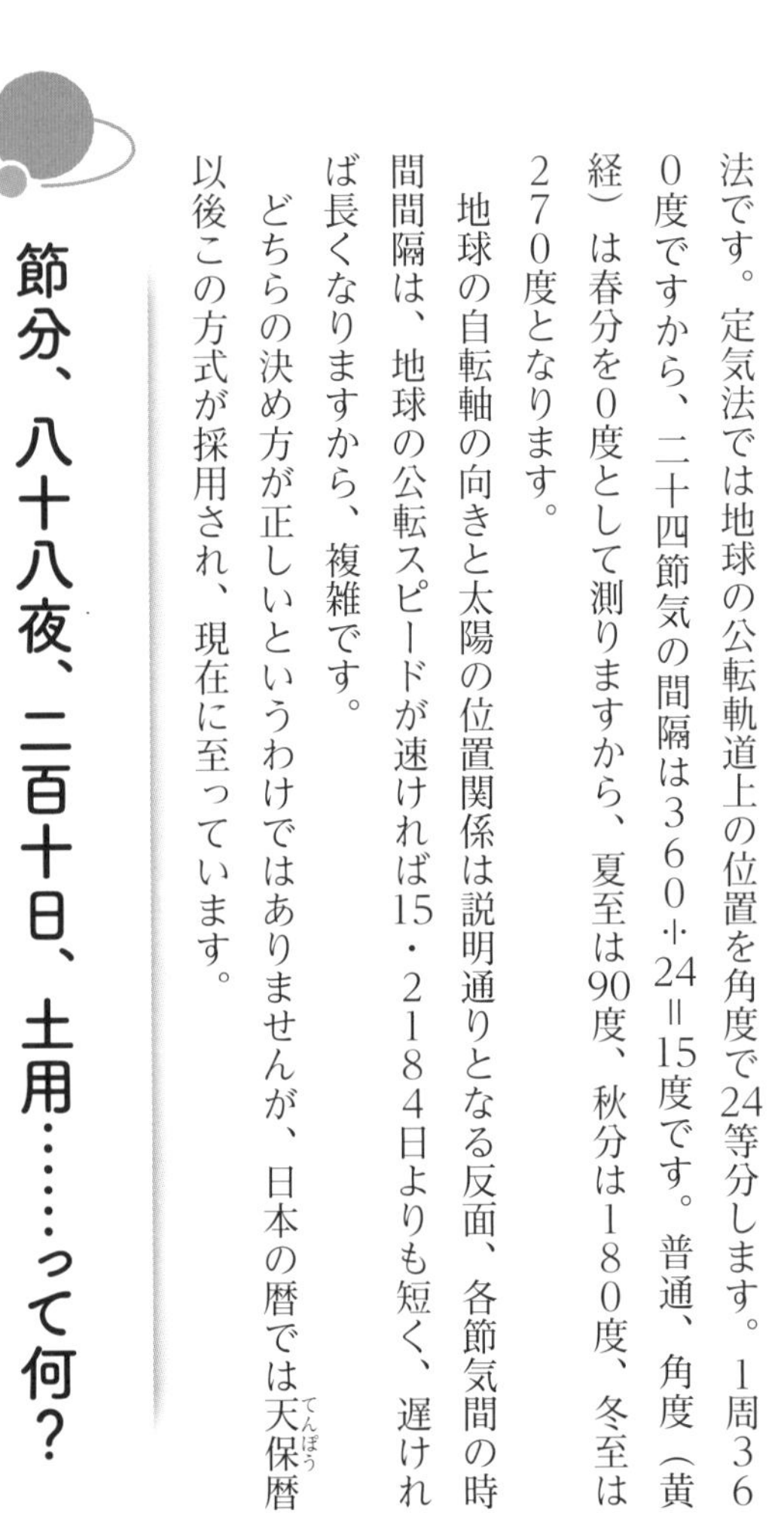

節分、八十八夜、二百十日、土用……って何？

暦には二十四節気のほかにも、節分、彼岸、八十八夜、入梅、半夏生、二百十日、土用といった季節を表す目印が掲載されており、まとめて雑節と呼んでいます。

節分：本来は季節を分けるものであり、立春、立夏、立秋、立冬の前日のことでしたが、現在では立春の前日だけが残っています。節分といえば豆まきの習慣がありますね。

彼岸：現在では春分・秋分を彼岸の中日とし、その3日前を彼岸の入り、3日後を彼岸の明けとする、7日間を指します。

八十八夜：立春から数えて88日目です。夏も近づく八十八夜です。晩霜(ばんそう)に注意の目印として使われました。

二百十日：立春から数えて210日目です。台風の近づく季節です。

入梅、半夏生、土用は二十四節気と同様に角度で定義します。

入梅：80度の位置で、梅雨の季節を表します。

半夏生：100度の位置で、半夏という薬草が生ずる頃という意味です。その頃までに田植えを終わらせるという目印として使われました。いわゆる七十二候の一つで、なぜか唯一しぶとく生き残ったものです。

土用：297度、27度、117度、207度の位置が土用の入りとなり、その日からそれぞれ立春、立夏、立秋、立冬までの間を土用と呼びます。これは、万物は木・火・土・金・水からなるという五行説を4つしかない季節にも適用すべく考案されたもので、春に木、夏に火、秋に金、冬に水を当てはめた上で、各季節から少しずつかき集めてそれを土に当てはめたわけです。夏になると「土用の丑(うし)の日」にうなぎが安くなりますが、その「土用」は夏の土用のことです。「丑」は十二支の丑で、毎日順番に子(ね)、丑、寅(とら)……のように数え、亥(い)まで数えたら、子に戻ります。土用の期間はおよそ18日ですから、「丑の日」は2回あるケースもあり、二の丑などと呼んでいるようです。

「節分の日」は2月3日と限らない？

2021年は節分が2月2日になることが大きな話題となりました。2月3日というイメージの強い節分ですが、3日でなくなるのは昭和59年（1984）2月4日以来37年ぶり、2日になるのは明治30年（1897）2月2日以来124年ぶりのことです。市販のカレンダーでさえ、日付を間違えていたものがいくつも見られました。この日付が変わるのはなぜでしょうか。

節分は立春の前日です。立春は二十四節気の一つで、冬至と春分の中間に位置します。そして、地球がこの位置を通過する瞬間を含む日が立春の日となります。ある年、10時に立春を通過したとしましょう。地球の公転周期は365.2422日≒365日＋6時間弱ですから、翌年同日の10時にはまだ1周しきっておらず、その6時間弱後＝16時頃に通過することになります。同様にして、2年後には同日の22時頃、3年後には28時頃に通過します。28時とは翌日4時のことであり、ここで日付が変わることになります。4年後には34時＝翌日10時といいたいところですが、閏年で1日増えるので、日付としては元の日の10時頃に戻ります。逆にいえば、この関係がずれ続けないように、

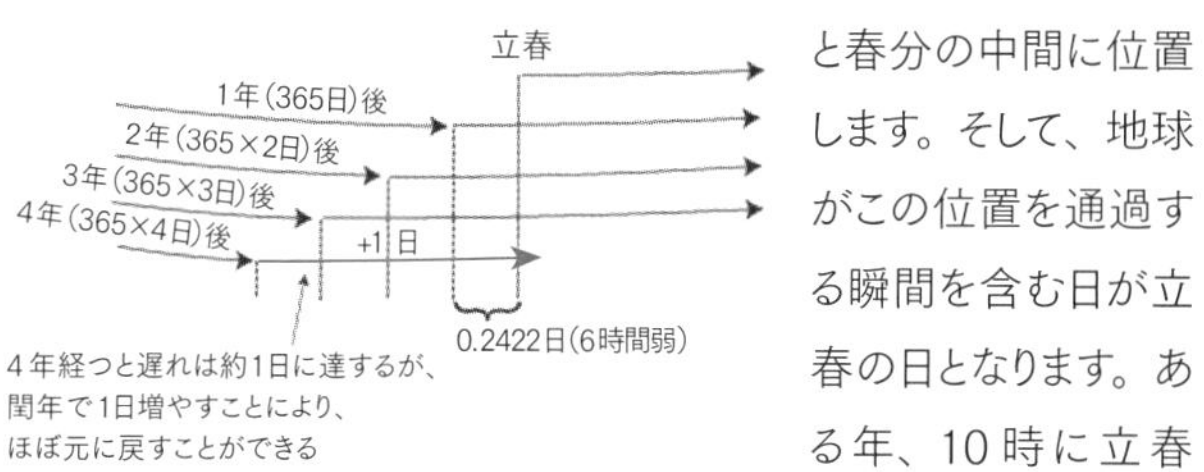

閏年を挿入しているわけです。

さて、最初に通過した時刻が2時だったとしましょう。この場合、1年後は8時頃、2年後は14時頃、3年後は20時頃、4年後は26時＝翌日2時頃ですが、閏年で元の日の2時頃に戻ります。つまり、この間ずっと日付が変わりません。立春は長らくこのような状態にあったわけです。

ところで、365日との差0.2422日は4年で通算0.9688日になります。このため、閏年で1日加わると、元の時刻には立春を少し行き過ぎてしまいます。つまり、通過時刻は4年前とまったく同じではなく、少々早まるのです。

実際の立春通過時刻をグラフにすると、下図のようになります。1年ごとに6時間弱ずつ遅くなり、4年後には元の時刻より少し早まるという変化をしていることが見て取れるでしょう。なお、1800年や1900年はグレゴリオ暦のルールでは閏年となりませんから、6時間弱ずつ遅くなる動きが継続します。

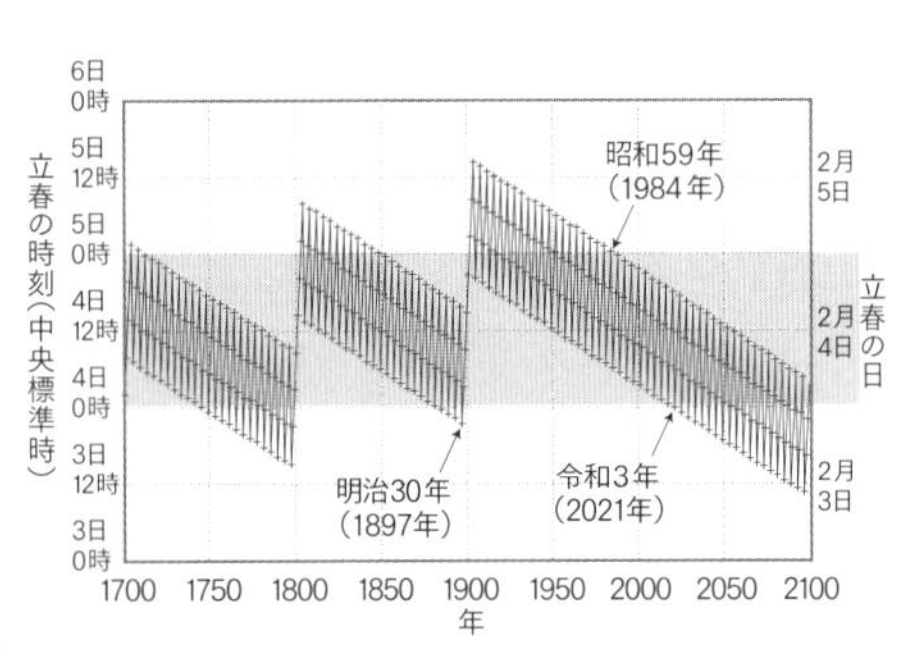

こうして、しばらく2月4日が続いていた立春の日は2021年には2月3日となり、その前日である節分は2月2日となったわけです。

4 「曜日」は、どのように生まれた？

現代社会では、政治・経済・文化などありとあらゆるものが1週間を単位として動いています。カレンダーもたいていは1週間を単位にまとめられていると思います。

これは予定を立てるのには年や月では長すぎ、1週間がちょうどよい長さだからでしょう。

現代の私たちは1週間＝7日は当たり前のように感じているかもしれません。しかし、先にも触れたように、古代ローマの暦では1週間＝8日でしたし、古代エジプトでは10日でした。

ここでは、曜日がどのように生まれてきたのか紐解いていきましょう。

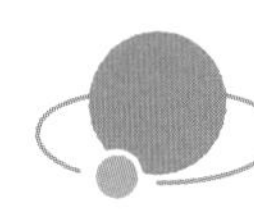

1週間は、なぜ「7日」か？

7日をサイクルとする数え方は、古代バビロニアで生まれました。

古代バビロニアでは月の満ち欠けをもとにした太陰暦が用いられており、7日、14日、21日、28日を休日と定めていたようです。つまり、7日とは月の満ち欠けの様子が大きく変わる（新月→上弦→満月→下弦）周期がもとになっていると考えられます。

また、ユダヤ教の教えを伝える旧約聖書では、神が6日間の間に天地を創造し、7日目に休息したとされています。この7日目はSabbath（現在の土曜日に当たるとされる）と呼ばれ、ユダヤ教の安息日となっています。

図 1-5

月の満ち欠けの変化

「1週間＝7日」となるのは、なぜ？

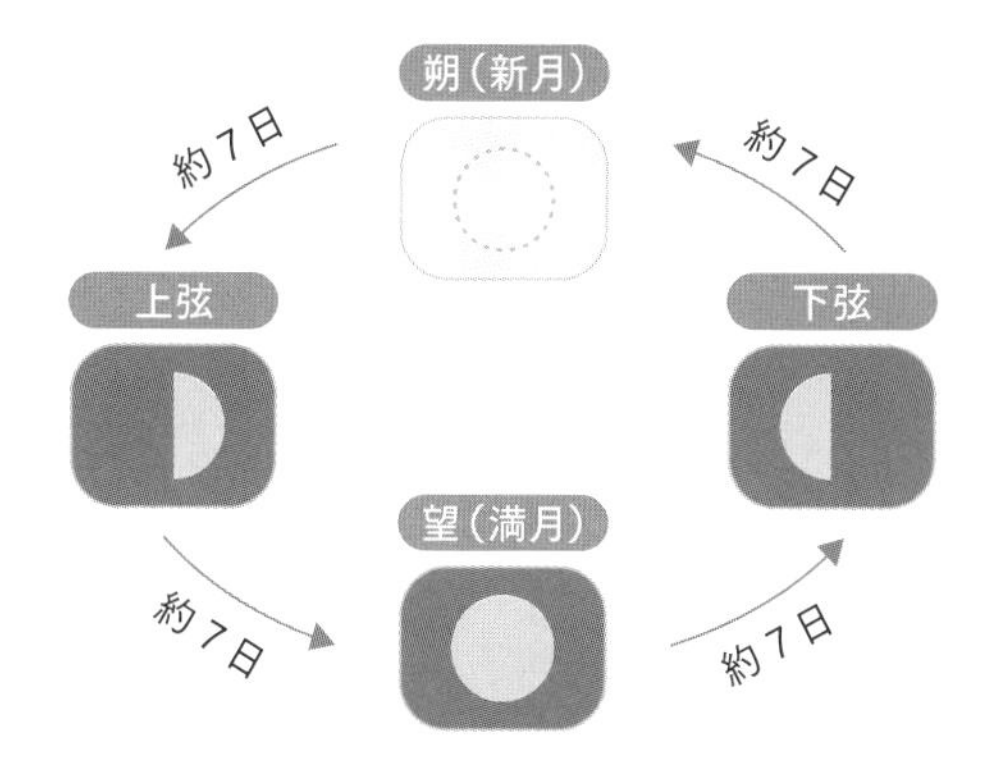

1週間=7日である必然性はありませんが、7日という周期は月の満ち欠けの様子が約7日で大きく変わることに由来すると考えられます。

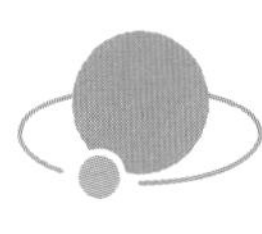

金曜日は「美の女神ビーナスの日」

日本語の曜日の名前には日（太陽）・月・火・水・木・金・土といった惑星（と太陽と月、まとめて七曜と呼びます）の名前が用いられています。

もともと惑星には、歳星（さいせい）・熒惑（けいこく）・鎮星（ちんせい）・太白（たいはく）・辰星（しんせい）といった名前がある一方、万物は木・火・土・金・水からなるとする五行説と結びつき、木星・火星・土星・金星・水星という名前ももっていました。

平安時代に弘法大師が宿曜経（すくようきょう）とともに曜日の概念を伝えたとき、これが翻訳に使われたのです。なお、当時の曜日は単に日の吉凶を占うために使われただけで、現在のように1週間単位で生活するようになったのは明治以後のことです。

ラテン語の場合はもっと明確で、dies Solis（ディエス ソリス）（太陽の日）、dies Lunae（ディエス ルネ）（月の日）のようになっています。ところが、英語の場合はMars（マルス）とTuesdayのよ

曜日の名前の由来は？

日本語		ラテン語		英語		
曜日名	天体名	曜日名	天体名	曜日名	天体名	神
土曜	土星	dies Saturni	Saturnus	Saturday	Saturn	Saturn
日曜	太陽	dies Solis	Sol	Sunday	Sun	Sun
月曜	月	dies Lunae	Luna	Monday	Moon	Moon
火曜	火星	dies Martis	Mars	Tuesday	Mars	Tiu
水曜	水星	dies Mercurii	Mercurius	Wednesday	Mercury	Woden
木曜	木星	dies Jovis	Jove (Iupiter)	Thursday	Jupiter	Thor
金曜	金星	dies Veneris	Venus	Friday	Venus	Freya

うに天体名と曜日名が直接結びつかないものがあります。

これはどういうことでしょう？

そもそも、惑星の名前は神の名前からつけられているので、曜日の名前は神の名前でもあります。このため、曜日の伝播（でんぱ）の際にローマ神話の神を対応する自分たちの神の名前に変換するという現象が発生しました。

たとえば、戦いの神Marsはゲルマン民族の戦いの神Tiu（ティウ）に変換され、そこからTuesdayに、美の女神Venus（ビーナス）がFreya（フライヤ）に変換されFridayにという具合です。

なお、このような惑星・神の名前を使う

言語のほかに、曜日を番号で表す言語も、ポルトガル語、アラビア語、ロシア語、中国語など、多数見られます。たとえば、中国では日、一、二、三、四、五、六のように曜日を数えます。

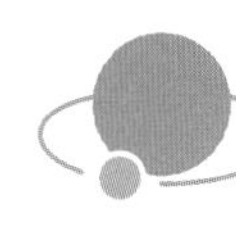

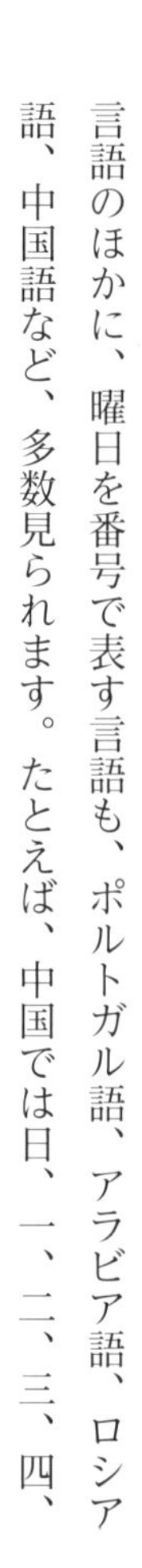

曜日の順序は、どのように決まった？

ところで、日・月までならともかく、それ以後の順序はどのようにして決められたのでしょうか。

カッシウス・ディオのローマ史には2つの説が紹介されています。どちらの説が正しいかは不明ですが、いずれにせよ日月惑星は地球から遠い順に並べると土星・木星・火星・太陽（日）・金星・水星・月のようになるという天動説的な考えをもとにして、惑星の名前が割り振られたことは確かなようです。

テトラ・コード理論を当てはめると

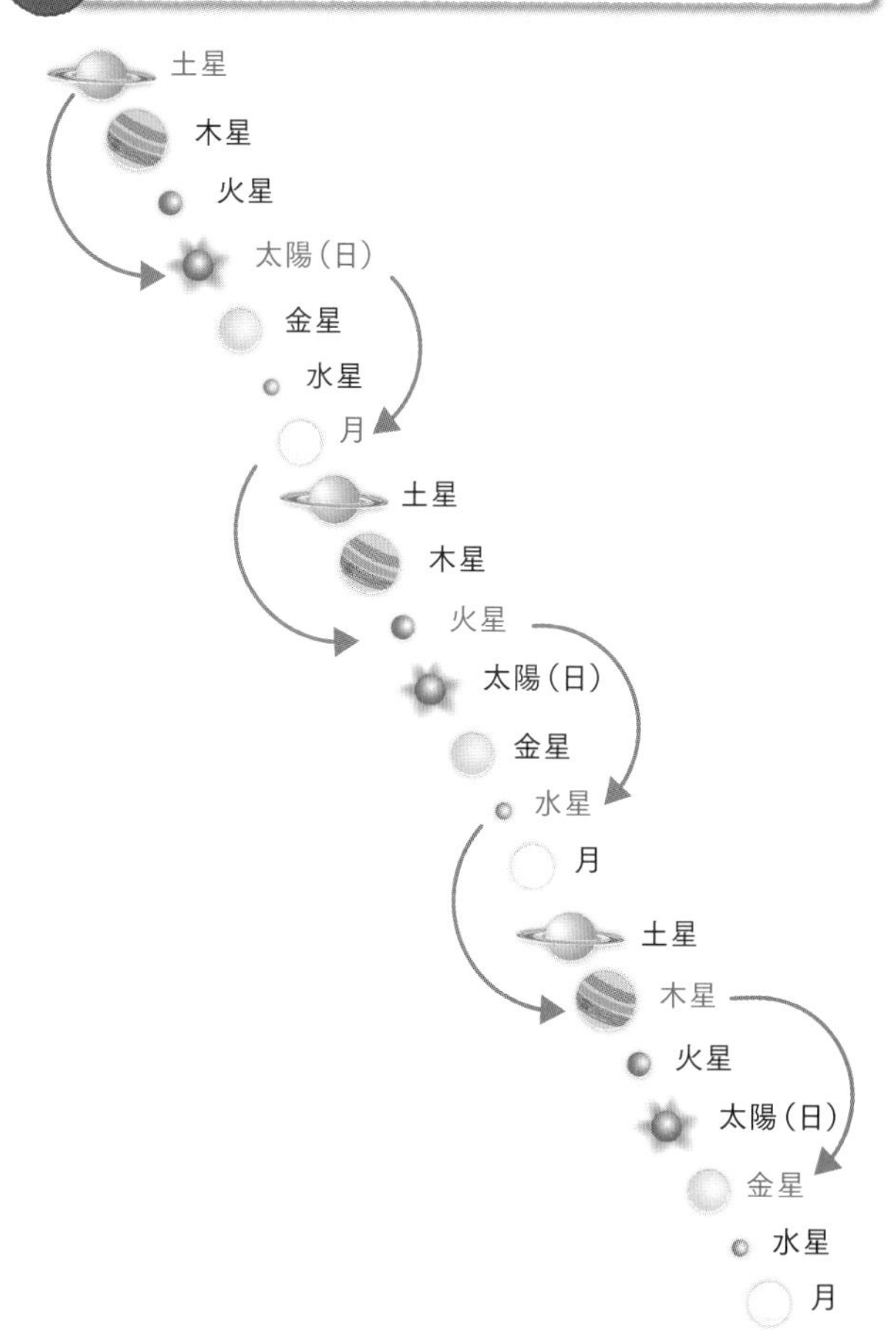

①音楽のテトラ・コード理論を天体に当てはめたとする説

天体を（古代ローマの日付の数え方のように、その天体も含めて）4つおきに飛ばしながらひろっていくと、土星→太陽（日）→月→火星→水星→木星→金星→土星の順序が得られます。

音楽と天体を結びつける思想は突飛なように思うかもしれませんが、古代ギリシャのピタゴラスや惑星運動の法則で有名なケプラーもそういう考えをもっていました。

②1日24時間を順番に当てはめたとする説

1時に土星、2時に木星、3時に火星……のように順番に天体を割り振っていくと、24時は火星となり、翌日の1時は太陽（日）になります（次ページの表）。これを続けて、1時に割り振られた天体を並べると、土星→太陽（日）→月→火星→水星→木星→金星→土星の順序が得られます。

この説は占星術的な考え方に基づくもので、1時は土星が支配する時間、2

占星術的考え方を当てはめると

（時刻）

1	土星	太陽（日）	月	火星	水星	木星	金星
2	木星	金星	土星	太陽（日）	月	火星	水星
3	火星	水星	木星	金星	土星	太陽（日）	月
4	太陽（日）	月	火星	水星	木星	金星	土星
5	金星	土星	太陽（日）	月	火星	水星	木星
6	水星	木星	金星	土星	太陽（日）	月	火星
7	月	火星	水星	木星	金星	土星	太陽（日）
8	土星	太陽（日）	月	火星	水星	木星	金星
9	木星	金星	土星	太陽（日）	月	火星	水星
10	火星	水星	木星	金星	土星	太陽（日）	月
11	太陽（日）	月	火星	水星	木星	金星	土星
12	金星	土星	太陽（日）	月	火星	水星	木星
13	水星	木星	金星	土星	太陽（日）	月	火星
14	月	火星	水星	木星	金星	土星	太陽（日）
15	土星	太陽（日）	月	火星	水星	木星	金星
16	木星	金星	土星	太陽（日）	月	火星	水星
17	火星	水星	木星	金星	土星	太陽（日）	月
18	太陽（日）	月	火星	水星	木星	金星	土星
19	金星	土星	太陽（日）	月	火星	水星	木星
20	水星	木星	金星	土星	太陽（日）	月	火星
21	月	火星	水星	木星	金星	土星	太陽（日）
22	土星	太陽（日）	月	火星	水星	木星	金星
23	木星	金星	土星	太陽（日）	月	火星	水星
24	火星	水星	木星	金星	土星	太陽（日）	月

時は木星が支配する……、そして1時を支配する星がその日を支配するということでしょう。

実際、1週間＝7日の概念は占星術の流行とともに地中海地方、エジプトを経由してローマ帝国にもたらされたようです。

また、Horoscope（ホロスコープ）のhoroが英語のhourの語源であるギリシャ語のhoraからきているという事実からも、この説には説得力があります。

以上の説明だと曜日は土曜日から始まることになり、それに違和感を覚える人もいるかもしれません。ですが、実際に1世紀頃に建設された浴場跡で見つかったカレンダーを見ると、確かにその順番に描かれているのがわかります（図1－7）。

そもそも曜日は繰り返すものなので、何曜日が始まりでも問題ありません。したがって必要に応じて別途定められることになります。ISO8601やJIS X0301 2002では、月曜日が1で日曜日が7ですので、月曜日が週の始まりといえるでしょう。

図1-7　1世紀頃に建設された浴場跡のカレンダー

穴に棒を指して使う。一番上に曜日を示す神が描かれており、その順序は土曜日から始まっている

復元前

復元後

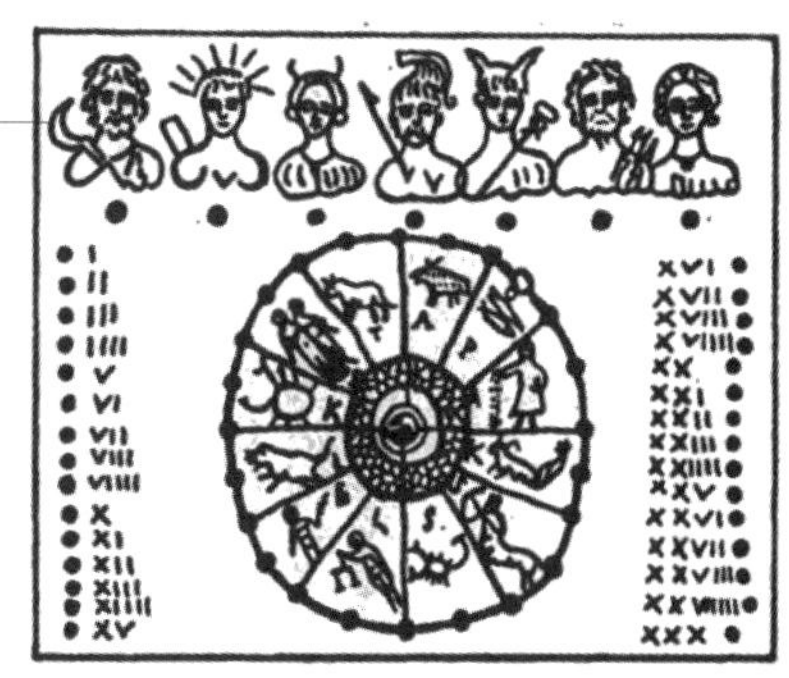

Saturnus
（土星を表す神）
➡ 土曜日

「Sunday in Roman Paganism」より

一方、労働基準法でいう1週間とは、就業規則その他に別段の定めがない限り、日曜日から土曜日までのいわゆる暦週（昭63・1・1基発1号）とされています。

最近では日曜日が左端にあるカレンダーがほとんどで、月曜日が左端にあるものはあまり見かけなくなりました。世界的にはさまざまな並びのカレンダーが存在しており、安息日がいつかによっても影響があるようです。

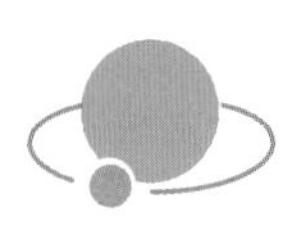

「日曜日は休日」は万国共通？

ユダヤ教では、旧約聖書の通り、第7日目＝サバットに当たるとされる土曜日が安息日です。

キリスト教では、当初サバットを安息日とするものと、イエス・キリストが復活した日曜日を安息日とするものが混在していたようです。

その後、321年、皇帝コンスタンティヌスが日曜日を尊ぶべき日として仕事を休む日にする勅令を発し、325年ニケアの宗教会議でユリウス暦を用いてイースターの日取りを定める方法が確立されました。

364年ラオディキアの宗教会議でサバットではなく日曜日を主の日として休日にすることが定められ、キリスト教社会では日曜日が安息日となりました。

イスラム教社会では、預言者ムハンマドがメディナに逃れた日ということで、金曜日が休みとなっています。この日が選ばれたのには、毎週金曜日はユダヤ人がサバットに備えて市場を開いていて人が集まりやすかったという背景もあるようです。

外国の方と仕事をする際には、その人たちがいつ働きいつ休むのか、把握しておくことが肝心ですね。

「1日」をめぐる謎

1 「1日」って何?

前章では1太陽年は365.2422日と、当たり前のように1日という単位を用いてきました。では、1日とは何でしょうか。

人が朝起きて、昼には学校や職場へ行き、夕方には家に帰り、夜には寝るという繰り返しの単位ですね。

これと同じように、太陽も、毎朝東から昇り、昼に南を通って、夕方には西に沈み、夜は見えなくなる、というパターンを繰り返しています。つまり、日＝お日さま、すなわち太陽のことなのです。

人類が明かりを得るのも困難だった時代に、この昼と夜の繰り返しに生活を合わせることはとても自然なことでした。したがって、太陽が南中してから次に南中するまでの間隔というのがもっとも素朴な1日の概念ということができます。

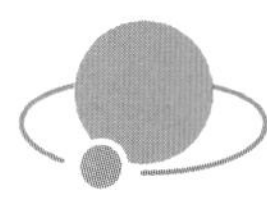

朝、昼、夕、夜……なぜ「日はめぐる？」

地球は太陽の周りを公転すると同時に、自分自身も回転しており、これを自転と呼びます。スケート選手にたとえれば、スケート場をそのままぐるりと1周するのが公転、ダブルアクセルやトリプルアクセルといった技が自転です。さすがのスケート選手もトリプルアクセルを続けながら滑り続けることはできませんが、地球は自然に自転しながら公転し続けています。

朝・昼・夕方・夜という1日のサイクルは、実際に太陽が動いていくわけではなく、地球が自転するために起こされる現象です。図2－1で、太陽の光が当たる側が昼、その反対が夜で、自転により夜側から昼側に移るところが日の出、その逆が日の入りという具合になります。

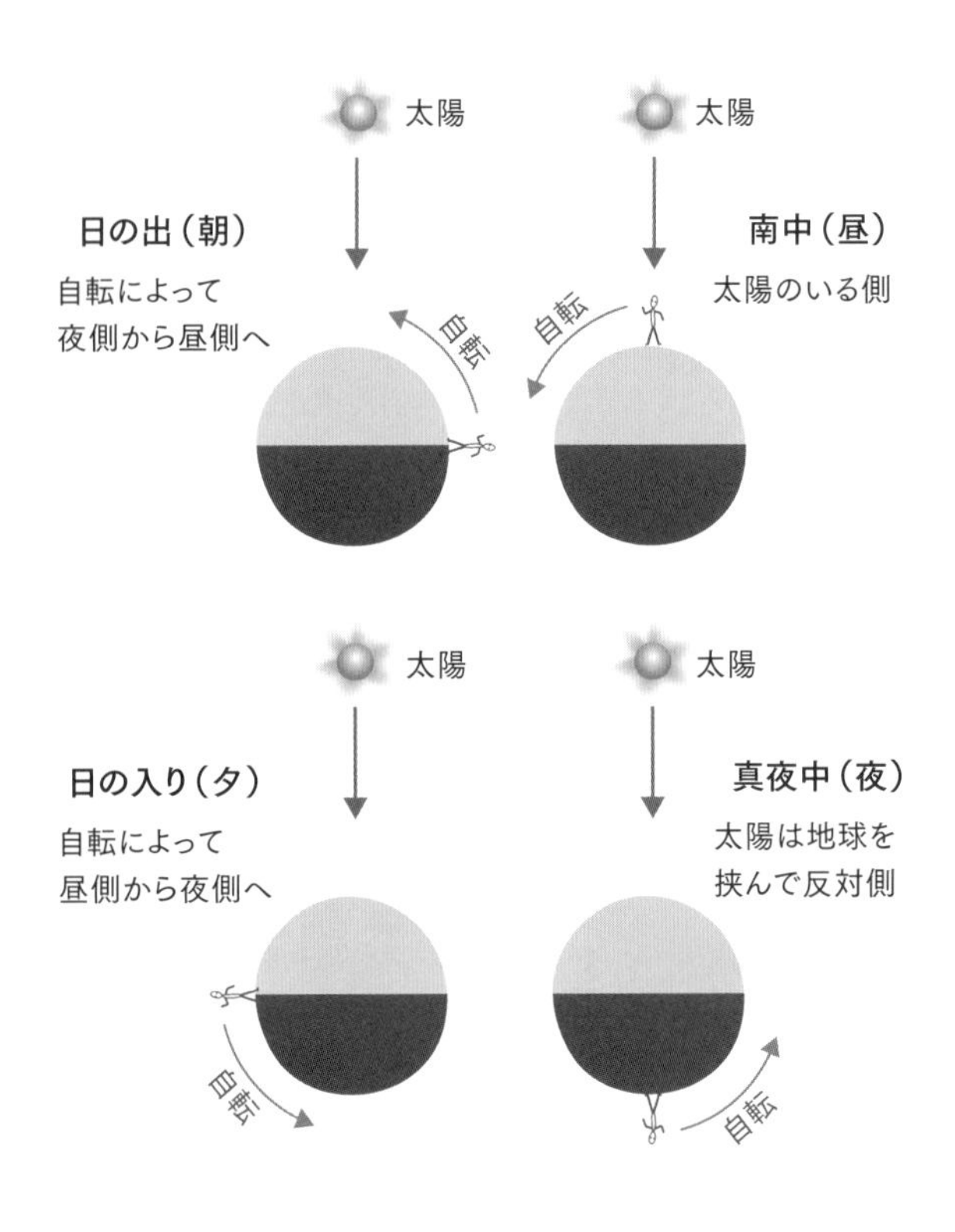
太陽
太陽
日の出（朝）
自転によって
夜側から昼側へ
自転
自転
南中（昼）
太陽のいる側
太陽
太陽
日の入り（夕）
自転によって
昼側から夜側へ
自転
真夜中（夜）
太陽は地球を
挟んで反対側
自転

図2-1 地球が自転するから1日のサイクルが起こる

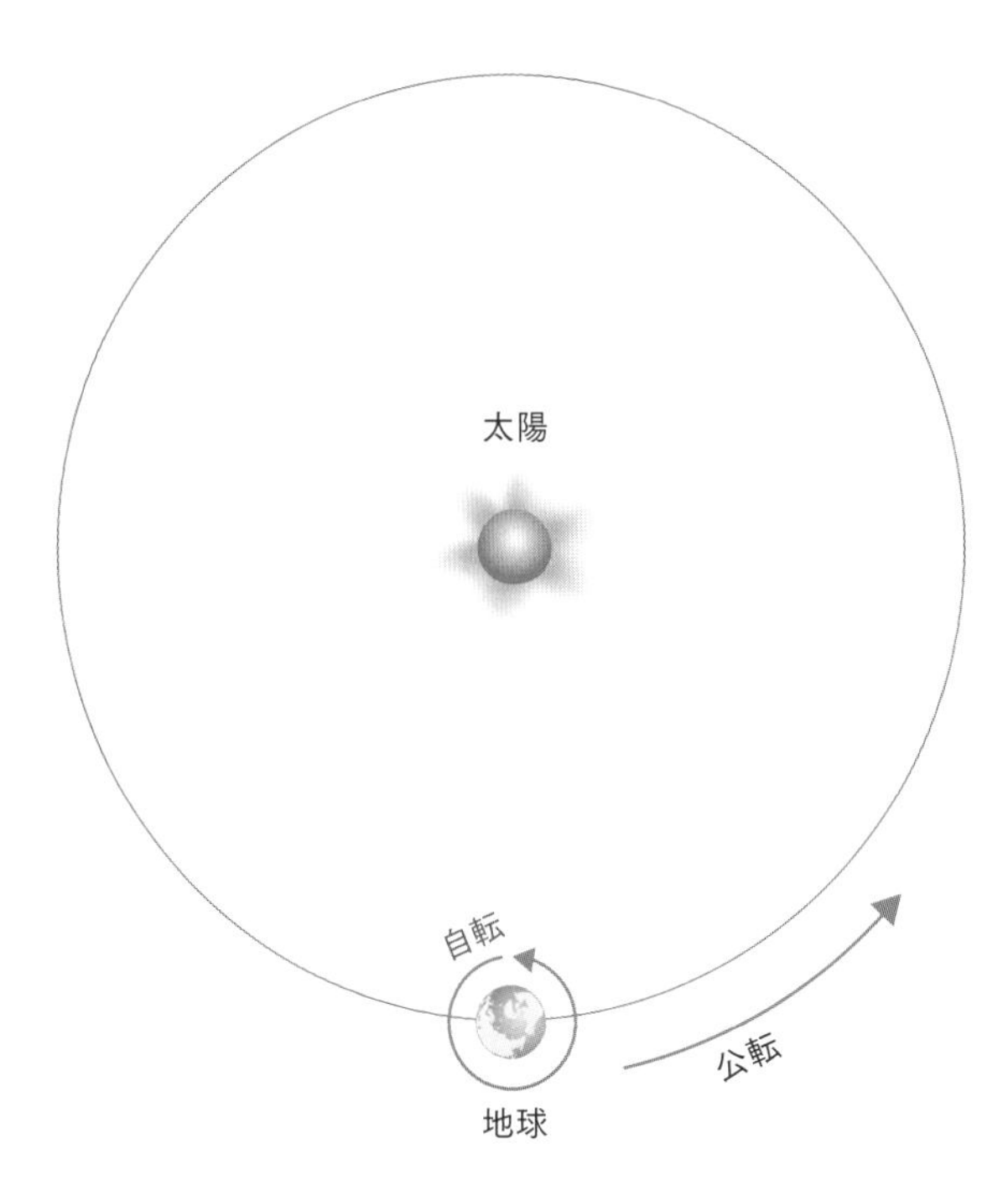

地球は、自分自身が回転（自転）しながら
太陽の周りをまわっている（公転）

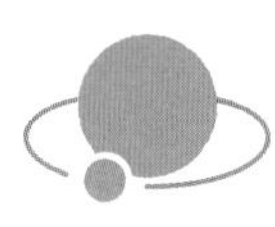

「クリスマス・イブ」は前日じゃない？

深夜番組を録画する場合、最近はＥＰＧ（電子番組表）のおかげで苦労することがなくなりましたが、昔は日付を間違えてしまうことがよくありました。

これは、頭の中では深夜０時をもって日付が変わると理解していても、ついつい夜の続きのように感じてしまうからですね。

江戸時代でも暦の上では深夜０時（正子）に日付が変わることになっていましたが、人々の意識としては空が明るくなり始める「明け六つ」（夜明け）が１日の始まりと考えられていたようです。

逆にイスラム教圏では日の入りが１日の始まりとなっています。日の出から日の入りまで断食するラマダンは新月が過ぎて初めて月の見える夕方に終了します。

クリスマスの前日というイメージのあるクリスマス・イブも、もともと日の入りが1日の始まりだった名残であり、本来は同じ日としてカウントされるものです。また、天文学の分野では深夜0時で日を区切ると観測上不便なこともあり、1924年末まで正午が1日の始まりとされていました(「天文時」といいます)。

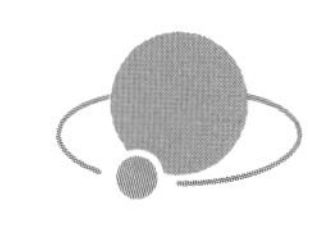

1日は、なぜ「24時間」なのか？

1年はおよそ12カ月であり、黄道十二宮(こうどう)(星座)、十二支など何かを12で割るということはよくありますが、24に分けるのはむしろ珍しいといえます。おそらく、夜と昼では時間の数え方が違い、それぞれを12で分けていたと考えるほうが自然でしょう。この起源は古代エジプトにあるようです。

昼の時間は太陽の動きで知ることができます。いわゆる日時計ですね。

紀元前１５００年頃に作られたといわれるL字型の日時計がベルリンのエジプト博物館に現存しています。Lの長いほうには５つの目盛がついていて、短いほうを午前中は東側に、午後は西側に向け、その影を使って５時間ずつを数えていたようです。これに日の出と日の入りを加えると12時間になります。

夏は昼が長く、冬は短いですから、このやり方では季節によって時間の長さは異なることになります。これを「不定時制」と呼びます。

夜の時間は星を使って数えていました。

どの星を目印としたかすべて判明してはいませんが、紀元前１５００年頃に作られたセンエンムウトの墓の壁面にはシリウスやオリオンなど合計36個の星を目印にしていたことが描かれています。

それぞれの星は角度で10度くらいずつ離れ、およそ10日ごとに日の出の直前にその星が昇る（これを heliacal rising（ヒライアカル ライジング）といいます）ようになっていたため、「デカン」と呼ばれています（デカは10を意味します）。

紀元前1500年頃に作られたL字型の日時計

ベルリン・エジプト博物館所蔵

センエンムウトの墓の壁画

「DATING THE OLDEST EGYPTIAN STAR MAP」より

デカンが順に昇っていくのを数えることで時間がわかるわけです。ちなみに、古代エジプトの暦では、1週間は10日、1月は30日、1年は12カ月と5日というふうに分けられていました。

古代ギリシャの歴史家ヘロドトスは、1日を24時間に分割する方法は古代バビロニアから受け継いだと書いています。

これが事実かどうかははっきりしないのですが、古代バビロニアには1日を12時間に分割する2倍時間と呼ばれるものがあったことははっきりしています。この時刻は現在の我々の使う時刻と同じように季節によらず一定の間隔で刻まれていました。これを「定時制」と呼びます。

そして、紀元前2世紀頃、天文学者ヒッパルコスによって、1日24時間かつ定時制という現代流の時間の数え方が誕生しました。この考えはプトレマイオスにも受け継がれ、ある日の正午から翌日の正午までを0時から24時とする天文時として確立します。

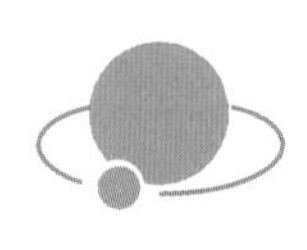

1時間は、なぜ「60分」なのか？

正確な時計のない時代では1分・1秒を測ることは難しく、意味もないことだったと思います。したがって、1時間を何分に定めようが問題なかったでしょう。

一方、計算という点では、60は2、3、4、5、6、10、12などさまざまな数で割ることができるので、便利です。このため、古代バビロニアでは盛んに60進法が使われていました。

つまり、もともと分や秒という概念があったわけではなく、10進法で1・234＝$1+2/10+3/10^2+4/10^3$と計算する代わりに、60進法で1・234＝$1+2/60+3/60^2+4/60^3$のような計算をしていて、それを我々が分や秒ととらえたわけです。

このことは、英語で分を意味する minute が pars minuta prima（第一の小さい部分）から、秒を意味する second が pars minuta secunda（第二の小さい部分）というラテン語からきている事実からもわかります。小数第一位、小数第二位といったノリですね。

なお、計算上の単位なので第三、第四のようにいくらでも小さくしていくことができます。ただ、秒以下については今ではほとんど使われていませんね。

pars minuta prima（第一の小さい部分）＝minute（′）＝分
pars minuta secunda（第二の小さい部分）＝second（″）＝秒
pars minuta tertia（第三の小さい部分）＝third（‴）
pars minuta quarta（第四の小さい部分）＝fourth（⁗）

2 「日の出入り」は、なぜ変わる？

旅に出ると、夜の9時なのにまだ明るいとか、朝7時なのにまだ暗いとか、いつもの感覚とは違う状況に出くわすことがあります。

日常的な経験からも、日の出は夏には早く、冬には遅くなること、日の入りは夏には遅く、冬には早くなることはわかりますが、その変化の様子は場所（緯度）によってかなり違いがあります。

図2-2は東京、根室、石垣の日の出入りをグラフにしたものです。

ご覧のように、根室の日の出入りは季節変化が大きいのに対して、石垣は1年を通してあまり変化していません。初日の出の時刻はたかだか30分ほどの違いなのに、夏の日の出は2時間以上も開きがあります。この項では、そんな季節や場所による日の出入りの変化について考えてみましょう。

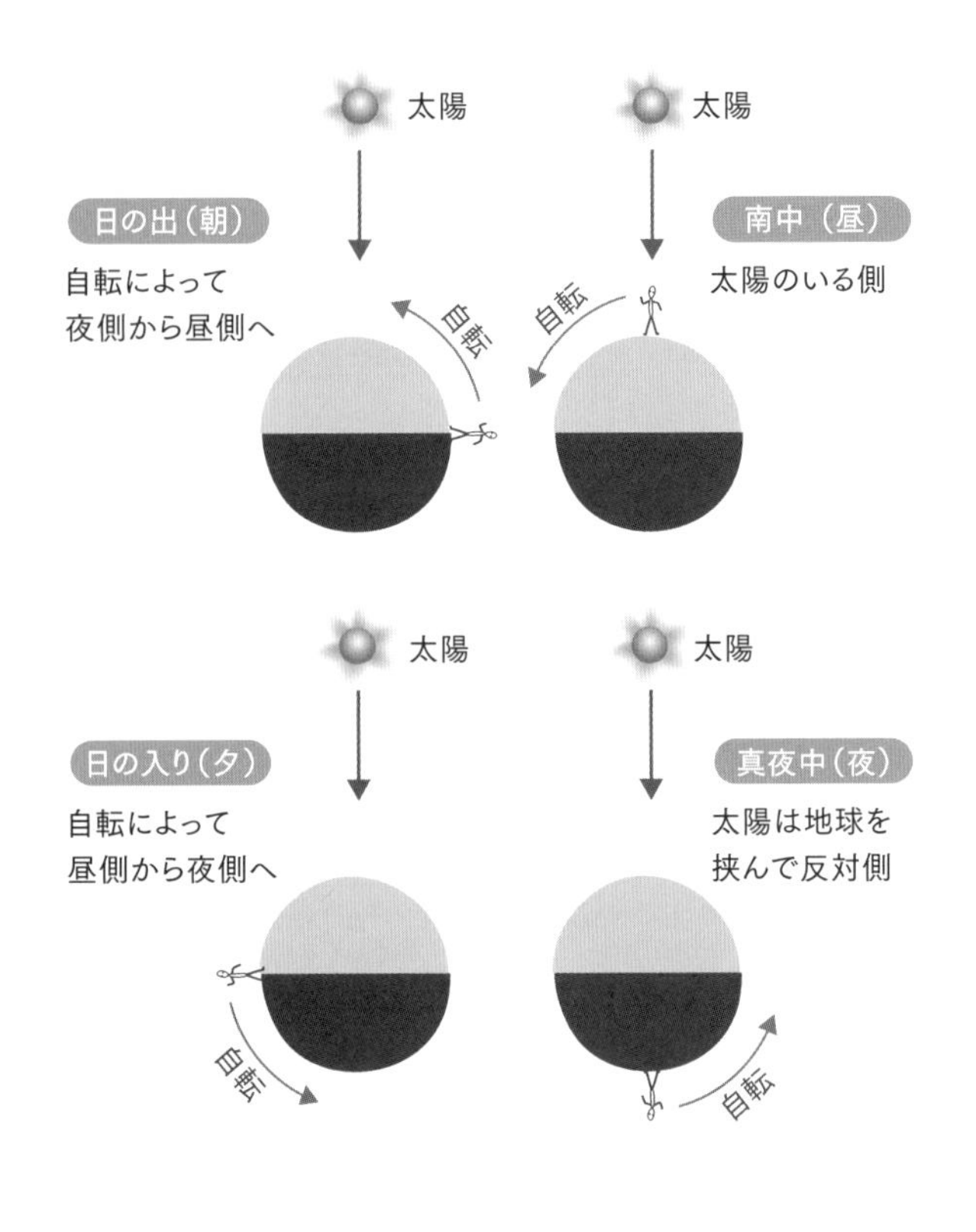
太陽
太陽
日の出（朝）
自転によって
夜側から昼側へ
自転
自転
南中（昼）
太陽のいる側
太陽
太陽
日の入り（夕）
自転によって
昼側から夜側へ
真夜中（夜）
太陽は地球を
挟んで反対側
自転
自転

日の出入り時刻を比較してみよう

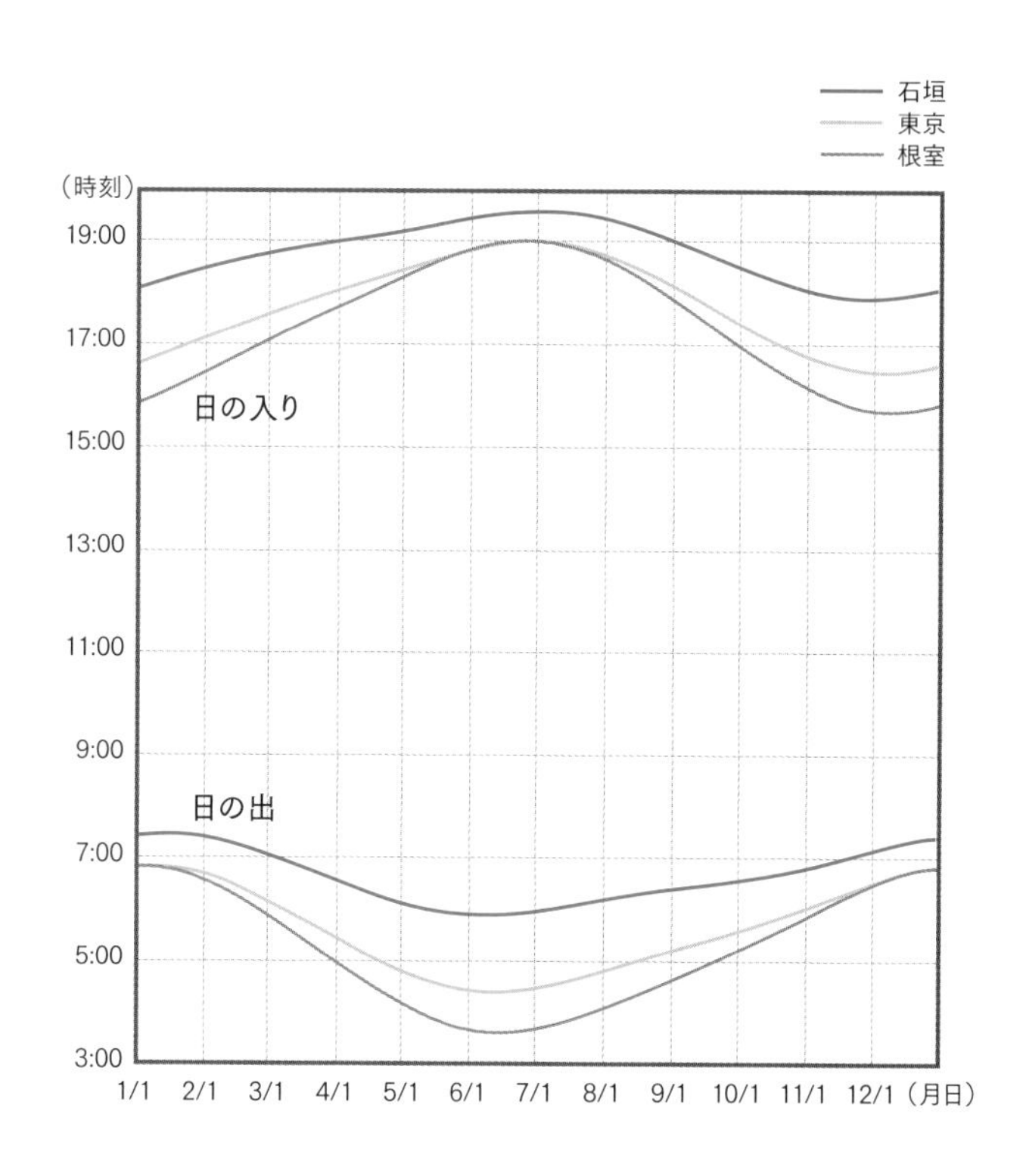

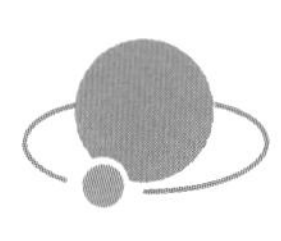

「日の出入り」って何？

前節で述べたように、日の出とは地球の自転によって夜側から昼側へと移る瞬間、逆に日の入りとは昼側から夜側へと移る瞬間です。

ところで、自転軸は図2－2（82ページ）のどこにあるかわかりますか。地球の絵の中心、つまり円の中心にあるとすると、たいへんわかりやすいのですが、そうではありません。でも、そのおかげで季節とともに日の出入りは変化をするのです。

1章の図1－2（43ページ）のように地球の自転軸は、地球が太陽の周りを公転する軌道面（黄道面）に対して垂直ではなく、約23・4度の傾きをもっていましたね。このため、地球の自転軸の位置は季節によって変化をします。

詳しく季節ごとに見ていきましょう。

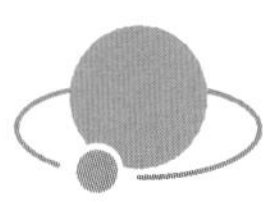

夏至の日の出——石垣は札幌より「2時間遅い」

夏至における日の出を上（黄道面に垂直な方向）と横（黄道面上）から眺めると図2－3のようになります。

図2－3からはたくさんのことを理解できます。

まず、北に行くほど昼の長さが長くなり、とくに北極付近では日が沈みません（白夜）。

次に、経度の同じ地点で比較すると北へ行くほど日の出は早いということがわかります。オレンジ色とグレーの境目が同時に日の出を迎えている地点です。この境界線は北西から南東にかけて伸びていて、わかりやすく地図で表すと、図2－4のようになります。

こうすると、北東に行くほど日の出が早いことがはっきりしますね。太陽が

夏至における日の出

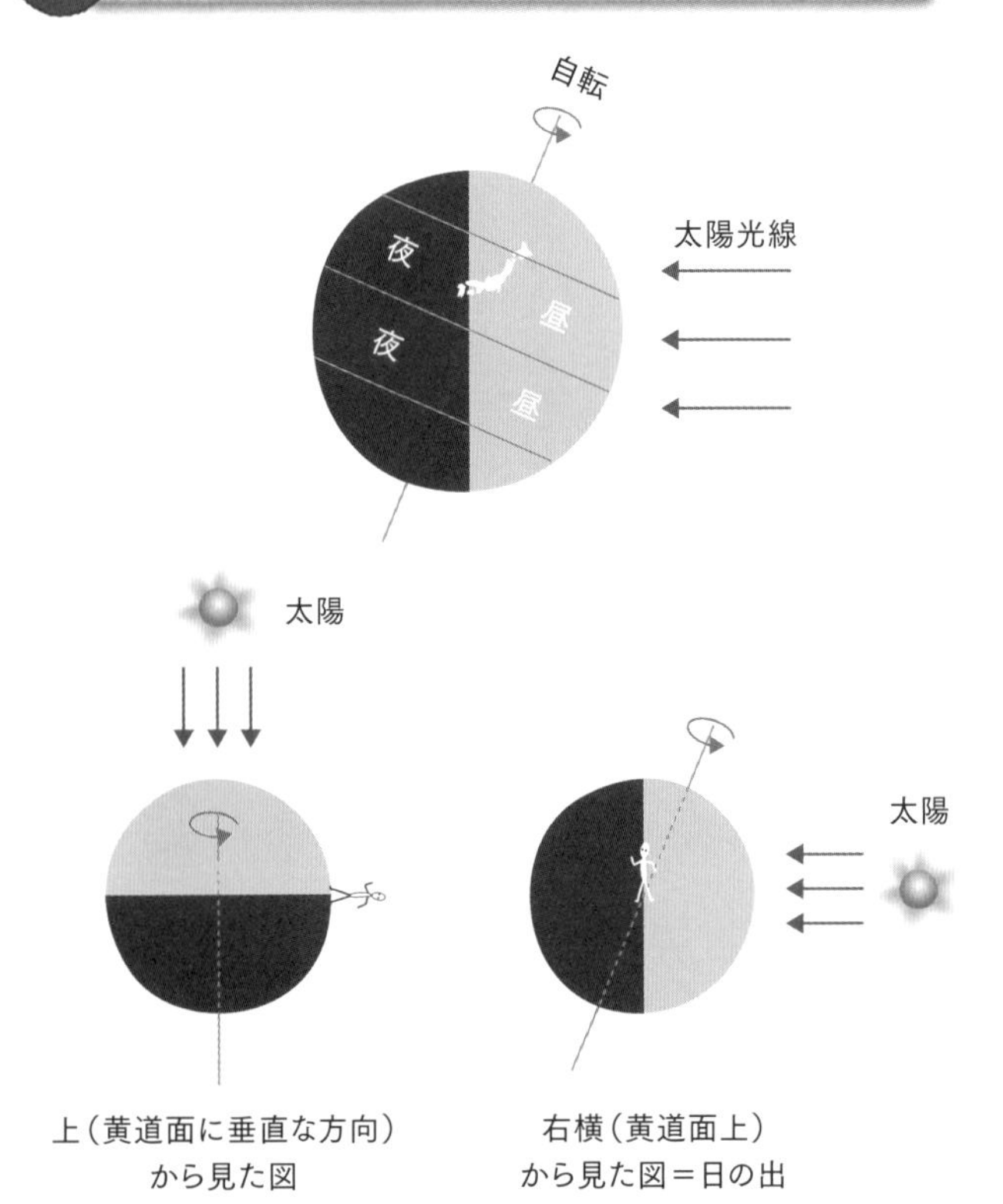

図2-4 夏至における日の出の時刻

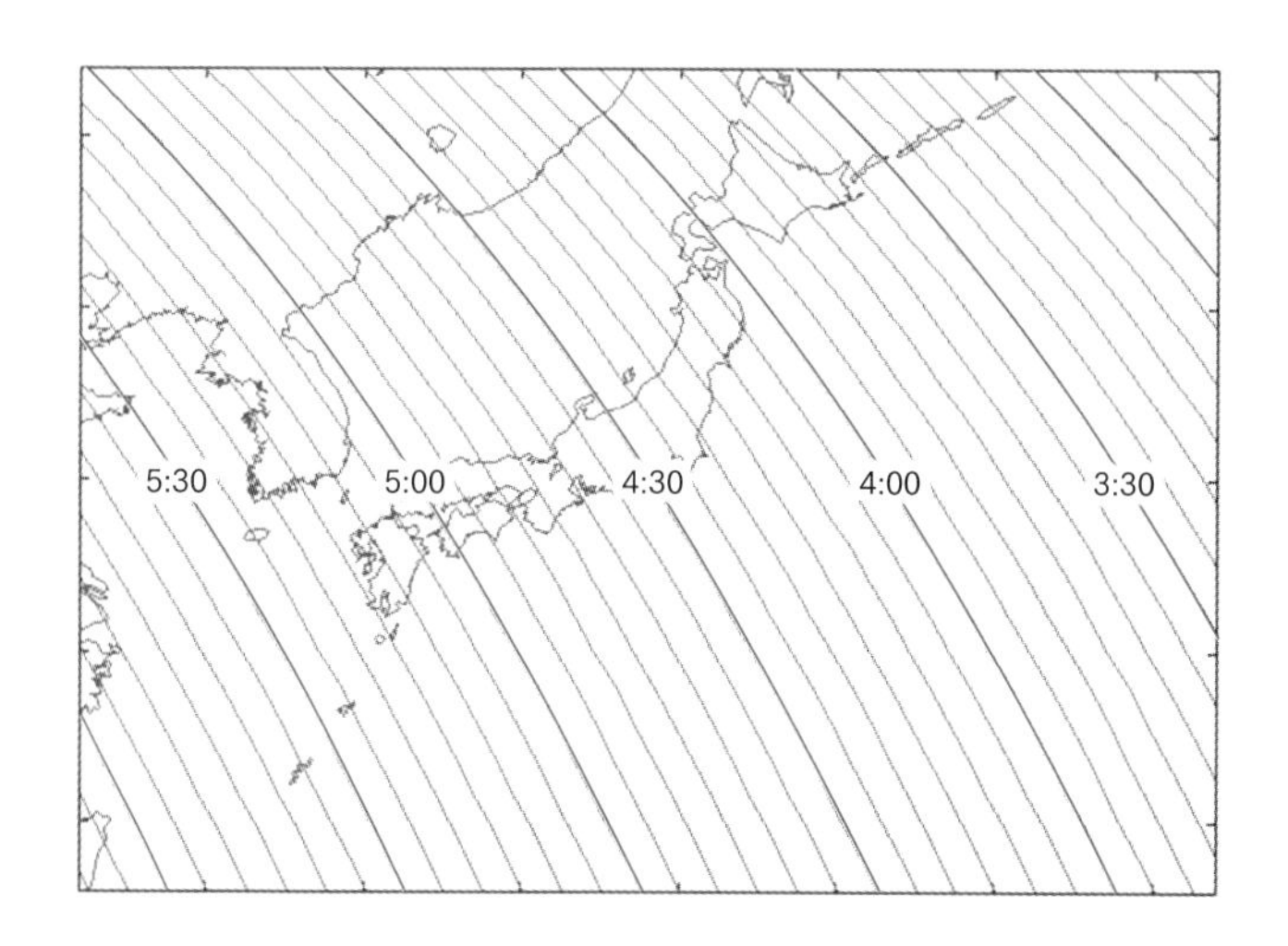

昇ってくるのもその方向、つまり真東よりも北寄りになります。北海道の東側で日の出を迎えてから、南西諸島で日の出を迎えるまで2時間以上かかることもわかります。

これが夏の日の出です。

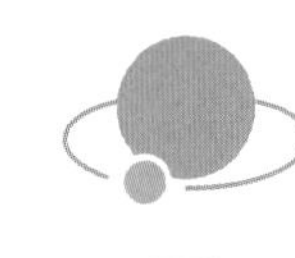

夏至の日の入り——札幌と京都は「ほぼ同時」

次に、夏至の日の入りを見てみましょう（図2－5）。

北極側が太陽を向いていることには変わりありませんが、日の入りは日の出とちょうど反対側で起こっています。

先ほどと同じ要領で、経度の同じ地点で比較すると北へ行くほど日の入りは遅いということがわかります。オレンジ色とグレーの境目は同時に日の入りを

図2-5 夏至における日の入り

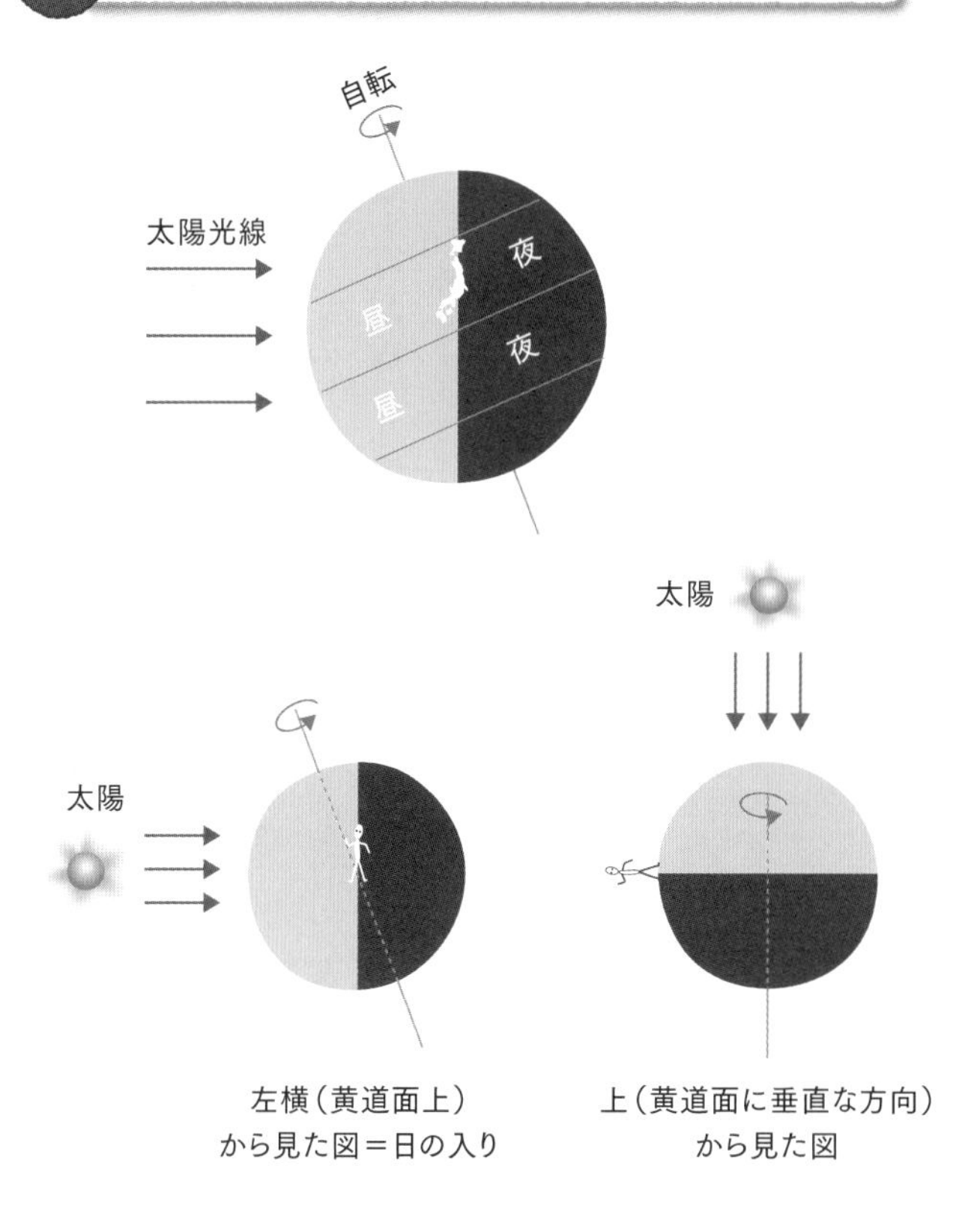

迎えている地点です。

この境界線は北東から南西にかけて伸びていて、地図で表すと図2－6のようになります。

こうすると、北西に行くほど日の入りが遅いことがはっきりしますね。

太陽が沈むのもその方向、つまり真西よりも北寄りになります。千葉方面で日の入りを迎えてから、九州北部で日の入りを迎えるまで高々30分程度でしかありません。札幌と京都の日の入りが同じくらいなのもわかりますね。

これが夏の日の入りです。

夏至における日の入りの時刻

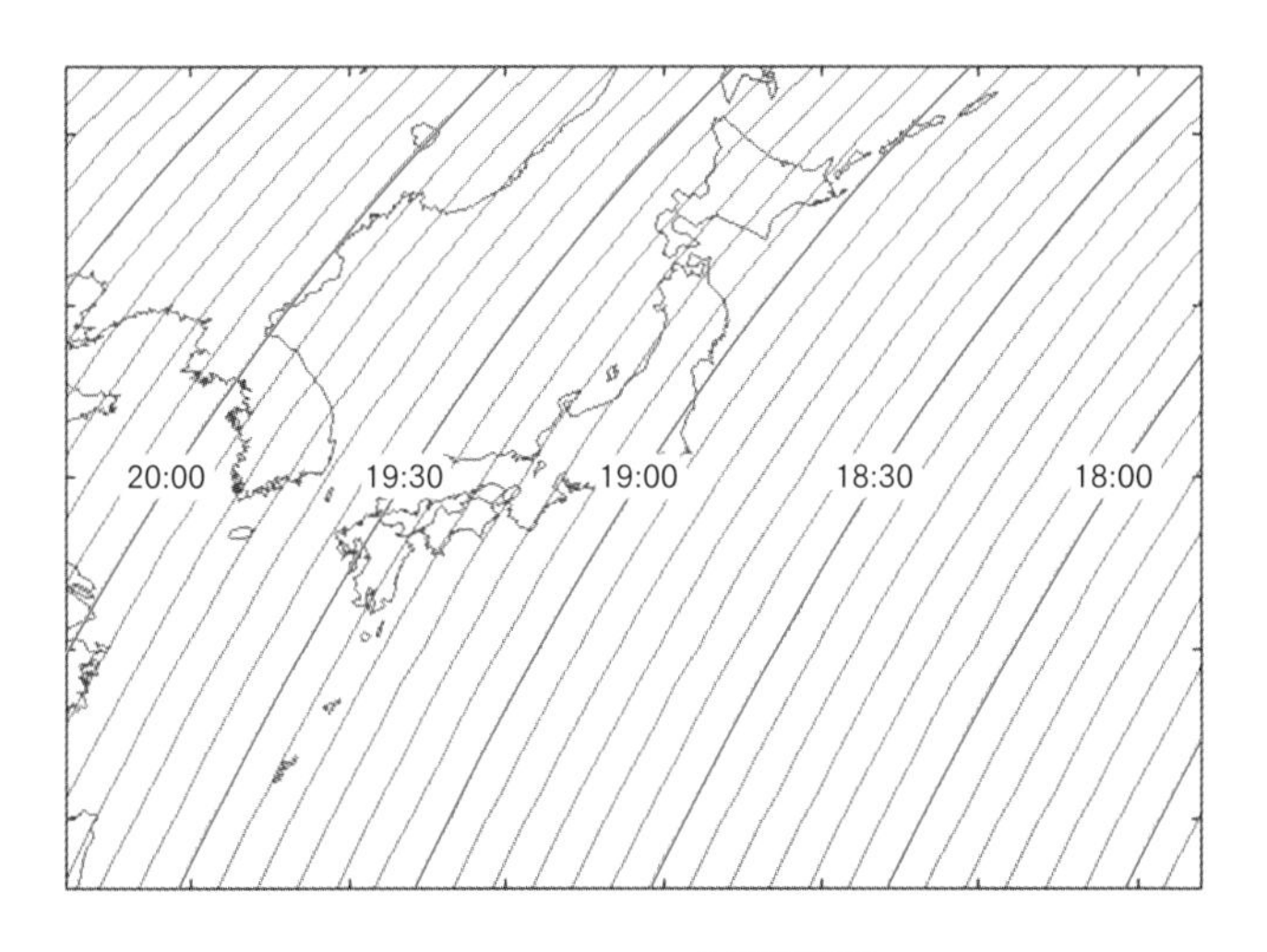

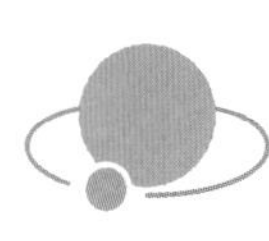

冬至と夏至では何が違う？

北極が太陽の反対側を向いているのを除けば、冬至の日の出入りも同様に考えることができます。高緯度ほど日の出入りの季節変化は激しく、赤道に近いほど季節変化は小さいことがわかりますね（図2－7）。

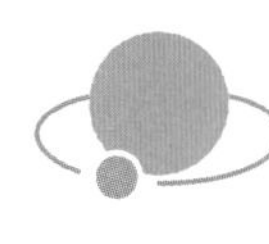

春分・秋分──経度で決まる「日の出入り」

春分や秋分の頃は、自転軸は太陽に対して垂直になり、日の出や日の入りの境界線は経線に沿った方向になります。したがって、東に行くほど日の出や日の入りは早くなります。また、昼の長さはどこもほぼ同じです（図2－8）。

図 2-7

冬至における日の出入りと時刻

昼の長さ

・北へ行くほど昼が短い
・北極圏では日が昇らない（極夜）

日の出

・日の出は南東へ行くほど早い
・太陽は真東よりも南寄りから昇る

日の入り

・日の入りは北東へ行くほど早い
・太陽は真西よりも南寄りに沈む

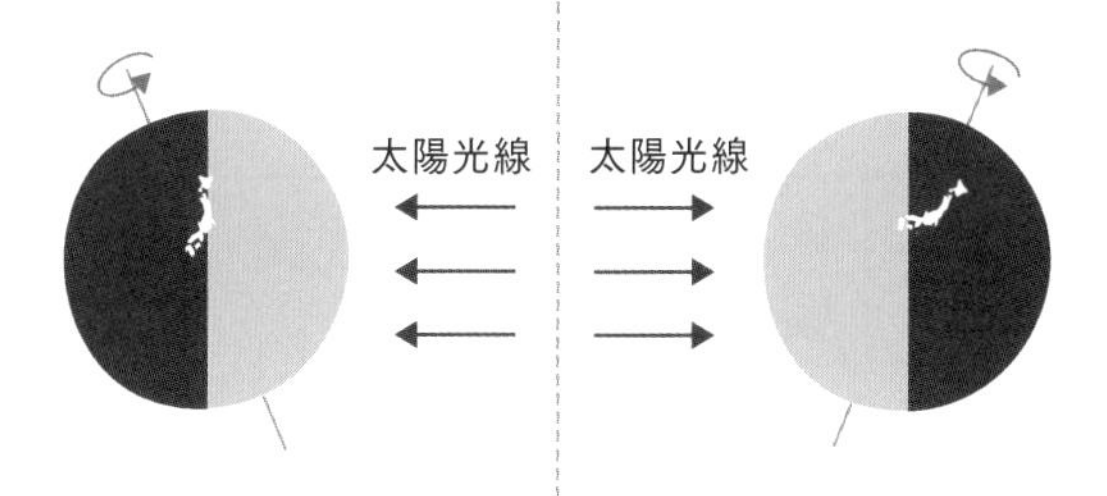

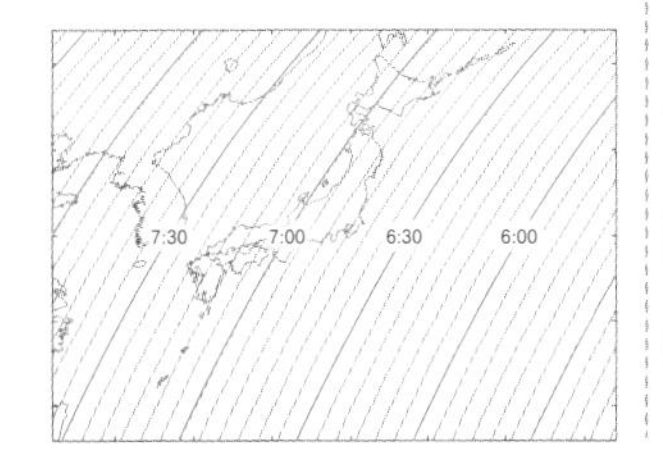

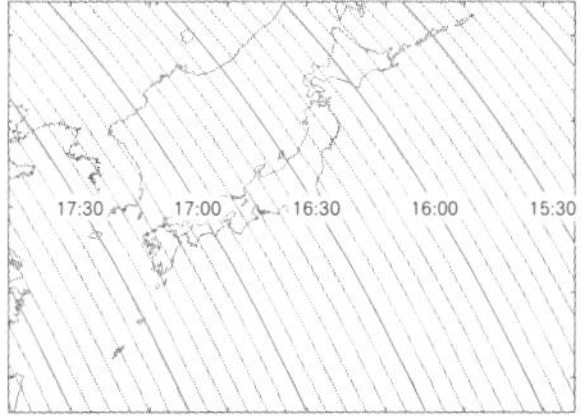

昼の長さ

・どこでもほぼ同じ

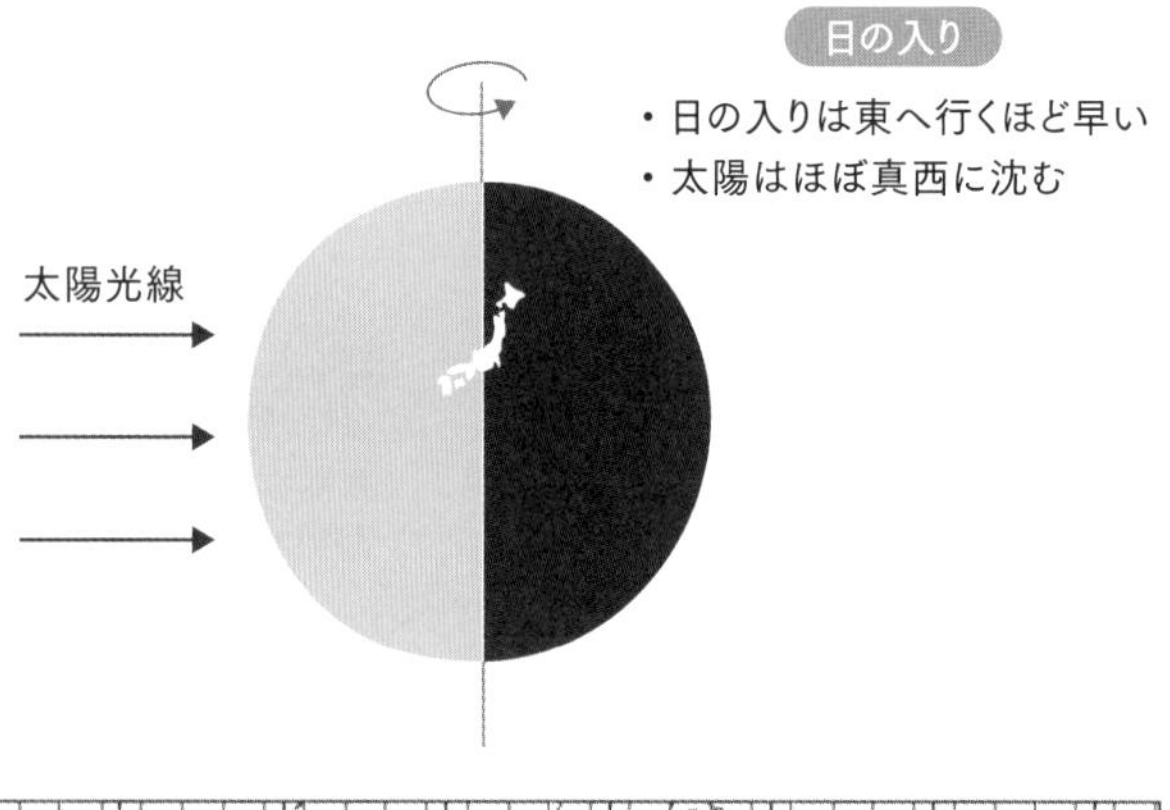

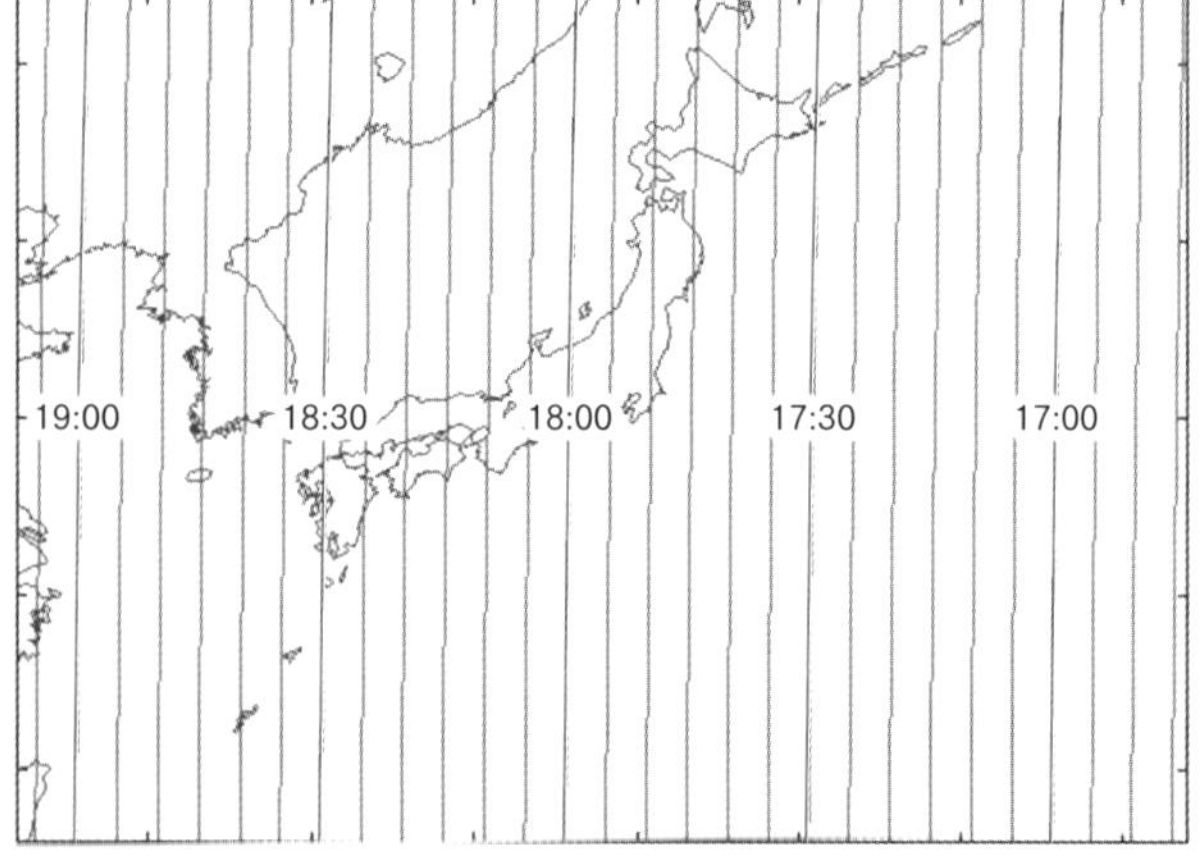

図 2-8 春分・秋分における日の出入りと時刻

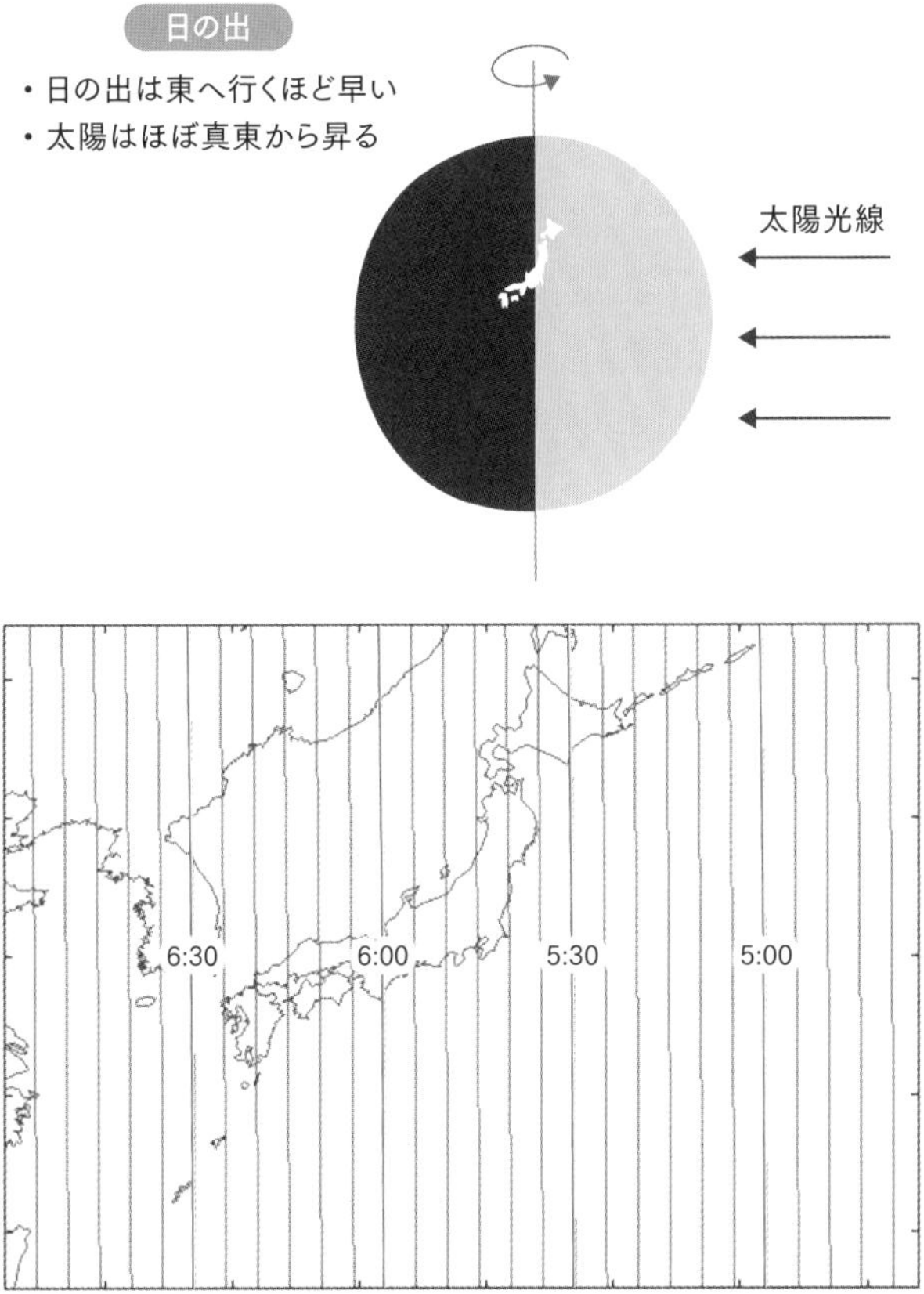

日の出

・日の出は東へ行くほど早い
・太陽はほぼ真東から昇る

太陽光線

6:30
6:00
5:30
5:00

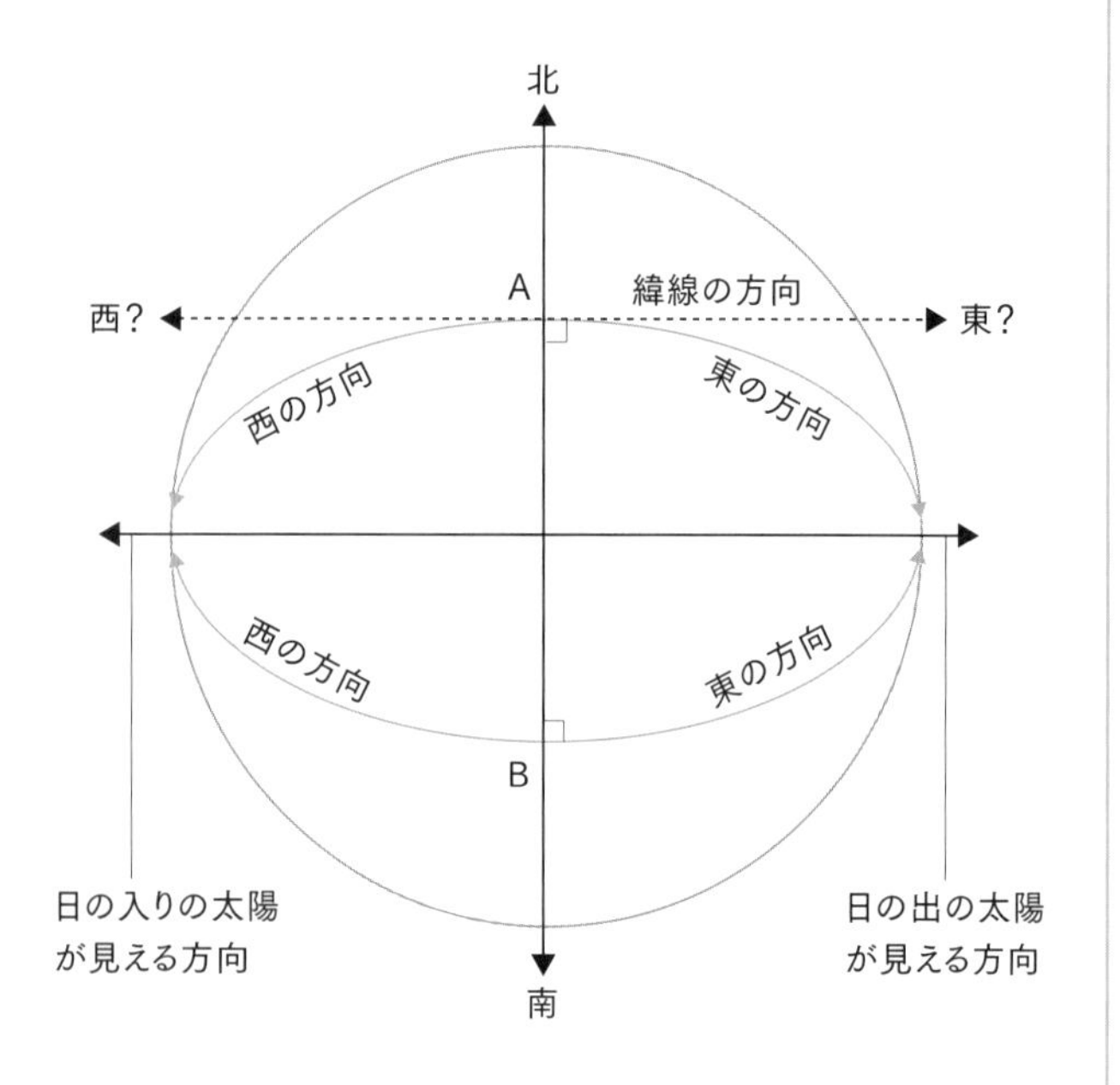
北
A
緯線の方向
西?
東?
西の方向
東の方向
西の方向
東の方向
B
日の入りの太陽
が見える方向
日の出の太陽
が見える方向
南

真東や真西って、どっち?

右の図を見ると、あたかも同じ緯度を結んだ緯線の方向が東や西を指し、その方向に太陽があると思われがちですが、地球は丸いのでそれは少々違います。

Aさんから見て、経線は北極と南極を結ぶ線ですから、それが南北を指していることは明らかですね。東西はそれに垂直な方向となるわけですが、オレンジの実線のような方向になります。経線の方向を赤道だと仮定してそれに対する経線のようなものを引いたと考えてもよいでしょう。

Bさんから見た東西も同様です。これらの方向はやがて地球上の1点に集まりますが、地心からその点の方向に伸ばした先に春分・秋分の日の太陽があり、したがってほぼ真東・真西から太陽が昇ったり沈んだりするわけです。

3 「日の出」って、いつ？

前節では、日の出や日の入りがどのような現象か、季節や場所によってどのように変化をするのかを見てきました。

ここであらためて、日の出や日の入りの定義を述べておきましょう。

日の出や日の入りは、太陽の上辺が見かけの地平線や水平線に接する時刻として定義します。つまり、日の出はこれからまさに太陽が顔を出す瞬間、日の入りは太陽が完全に見えなくなる瞬間のことです。

日の出入りの定義

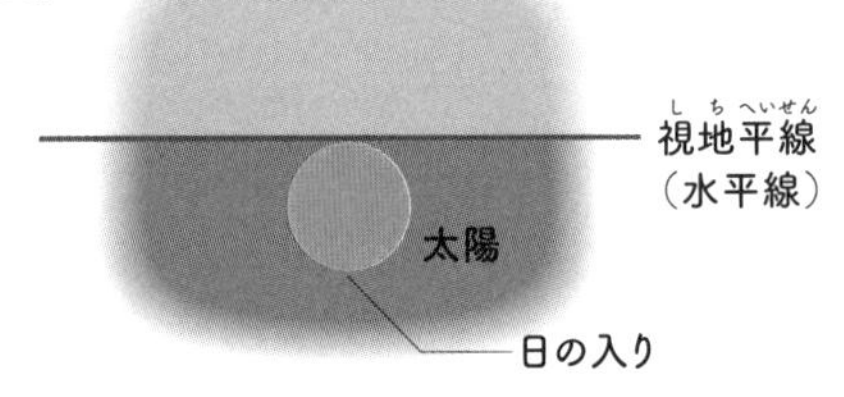

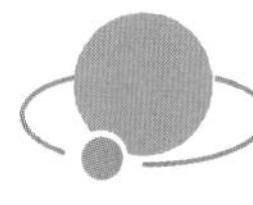

春分・秋分では「昼と夜の長さは同じ」？

ここでは、昼の長さ＝日の出から日の入りまでの時間、夜の長さ＝24時間－昼の長さ、と定義します。たとえば、２０２1年3月20日（春分の日）、東京の日の出は5時45分、日の入りは17時53分です。したがって、昼の長さは17時53分－5時45分＝12時間8分、夜の長さは24時間－12時間8分＝11時間52分となります。

春分の日や秋分の日は昼と夜の長さが等しくなるとよくいわれますが、12時間8分と11時間52分では16分も違うことになり、とても等しいとはいえませんね。前項のように考えれば当然等しくなるようにも思えますが、これはなぜでしょうか。

その答えは日の出入りの定義にあるのです。

まず第一に、日の出入りは太陽の上辺で定義しますから、仮に太陽の中心が昇ってから沈むまでの時間が12時間だとしても、太陽の半径分だけ日の出は早く、日の入りは遅くなります。太陽の半径は角度で約15′、24時間で太陽は1まわりすることを考えると、半径分の距離を移動するのにかかる時間は約1分です。

次に、大気の影響があります。日の出入りは視地平線(しちへいせん)に太陽の上辺が接する瞬間でした。この、視地平線とは大気の影響で光が曲げられ、浮き上がって見える効果=大気差を含んで考えています。大気差により浮き上がる程度は気温や気圧、湿度などに影響を受けて大きく変化します[*3]が、あらかじめ予測することは困難なので、35′8″を仮定しています。

つまり、本当は地平線下35′8″にあるものが地平線上に見えることになり、その分（2分強）だけ日の出は早く、日の入りは遅くなります。

仮に、大気の影響を考慮せず、太陽の中心で日の出入りを定義すれば、前項に考えたように、春分や秋分の日には昼と夜の長さは12時間ずつで等しくなり

＊3 このため、日の出入りの時刻は秒単位ではなく、分単位で表しています。

日の出入りの定義が及ぼす影響
（春分の日の出の場合）

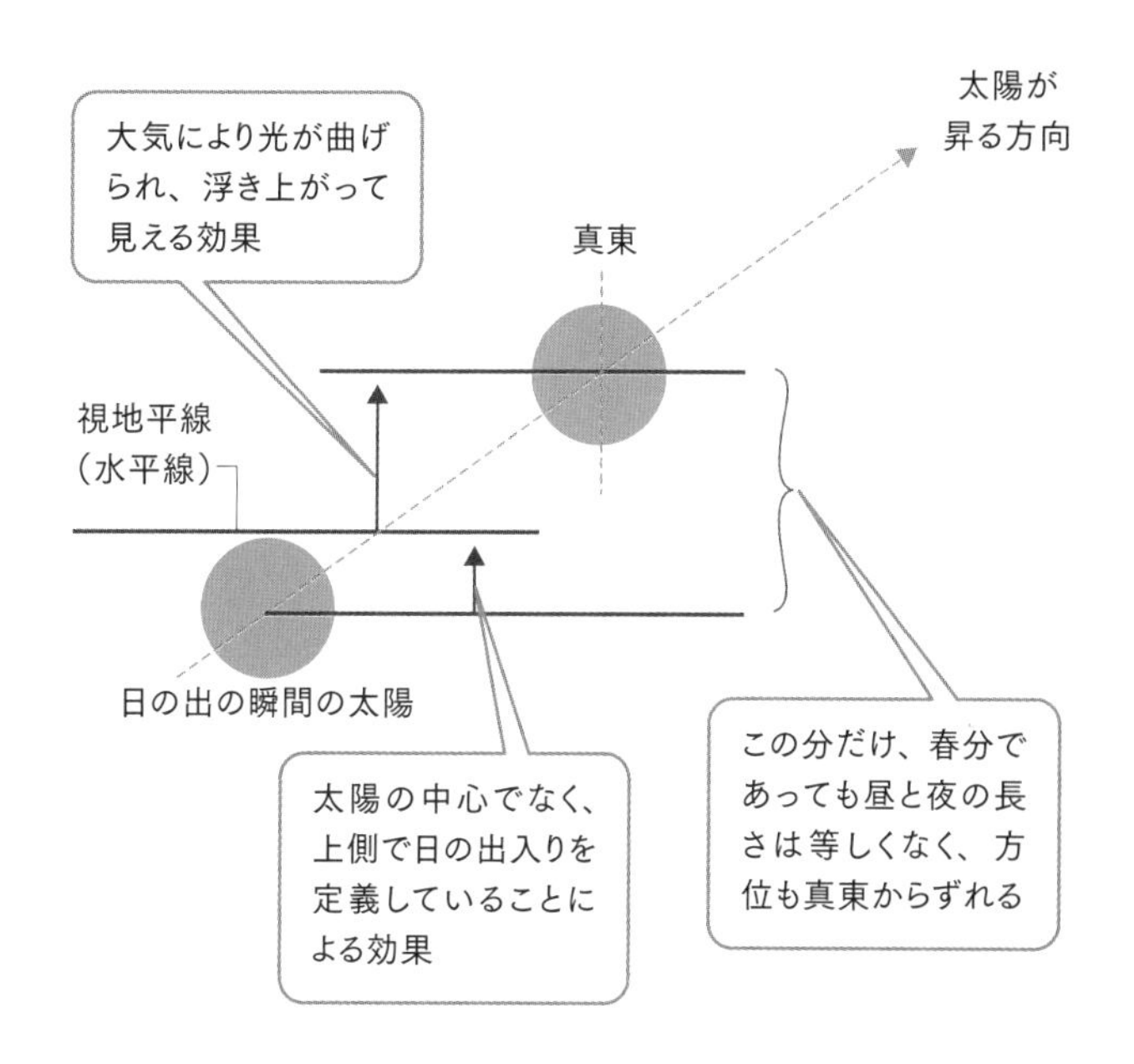

ます。両者の影響は合計して3分強ということになりますが、日本付近では太陽は斜めに昇りますので、もう少し時間がかかって約4分ずつ日の出は早く、日の入りは遅くなります。つまり、昼の長さは12時間+約4分+約4分で約12時間8分となるわけです。

ちなみに、太陽が斜めに昇ることをふまえると、春分の日や秋分の日に太陽が真東から昇り、真西に沈むというのも正しくないこともわかります。

にもかかわらず、春分の日や秋分の日でも昼と夜の長さは等しいとか、真東から昇って真西に沈むとかいわれるのはなぜでしょう?

じつは江戸時代の日の出入りの定義が大気の影響を考慮せず、太陽の中心で決めるものだったからです。これは、江戸時代にそのような知識がなかったためではなく、日の出入りよりも夜明けや日暮れ(次節で説明)に重きが置かれていたためです。

江戸時代の定義なら問題なく昼夜は等しく、太陽も真東から昇って真西に沈

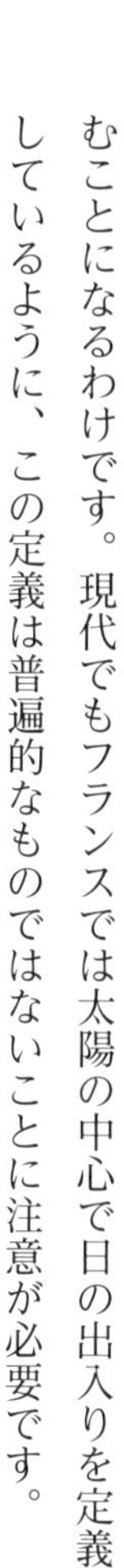

むことになるわけです。現代でもフランスでは太陽の中心で日の出入りを定義しているように、この定義は普遍的なものではないことに注意が必要です。

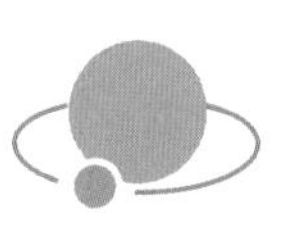

「山に登ると日の出は早くなる」？

地球は丸いため、遠くを見通せる範囲には限界があります。ですが、高いところに登るとより遠くまで見通すことができます（図2-10）。

太陽についても、高いところから見ると、より低いところにある太陽が見えるようになりますので、日の出は早く、日の入りは遅くなるのです。

日本で初日の出が一番早いところはどこか、というのはよく聞かれる質問です。日本でというと、別格に離れている南鳥島をはじめ、島がたくさん含まれてしまいますので、ここでは北海道・本州・四国・九州に話を限定しましょう。

標高を加味した場合の日の出入り

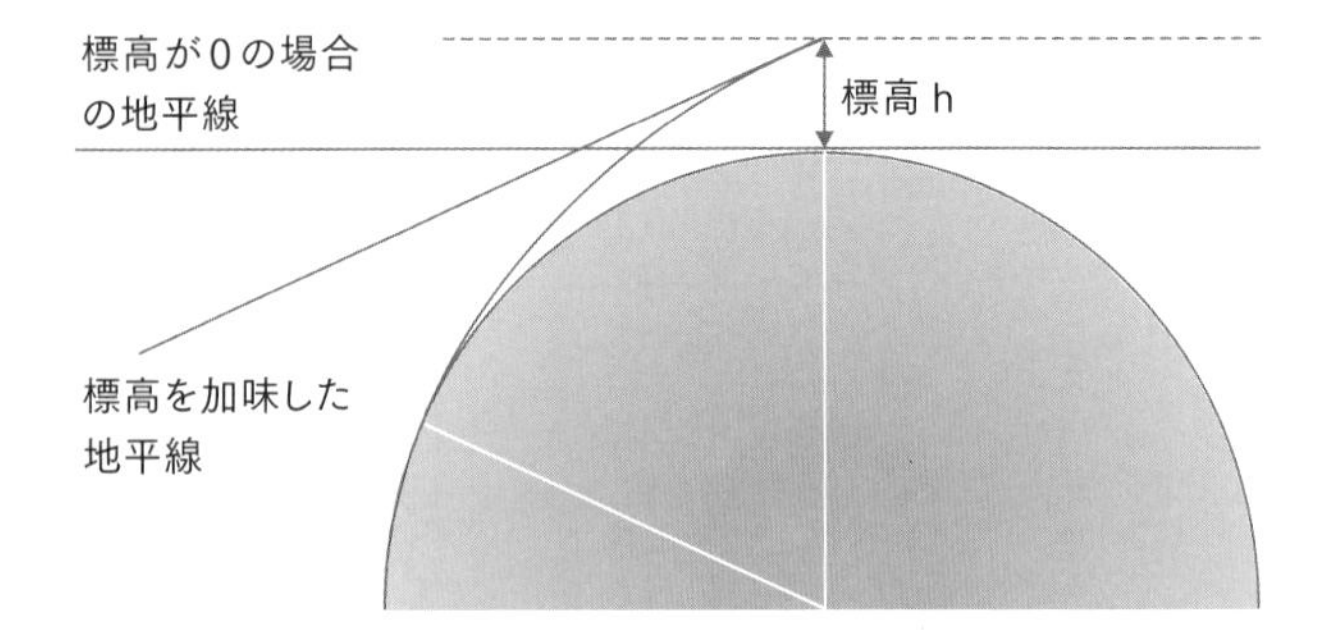

初日の出の時刻

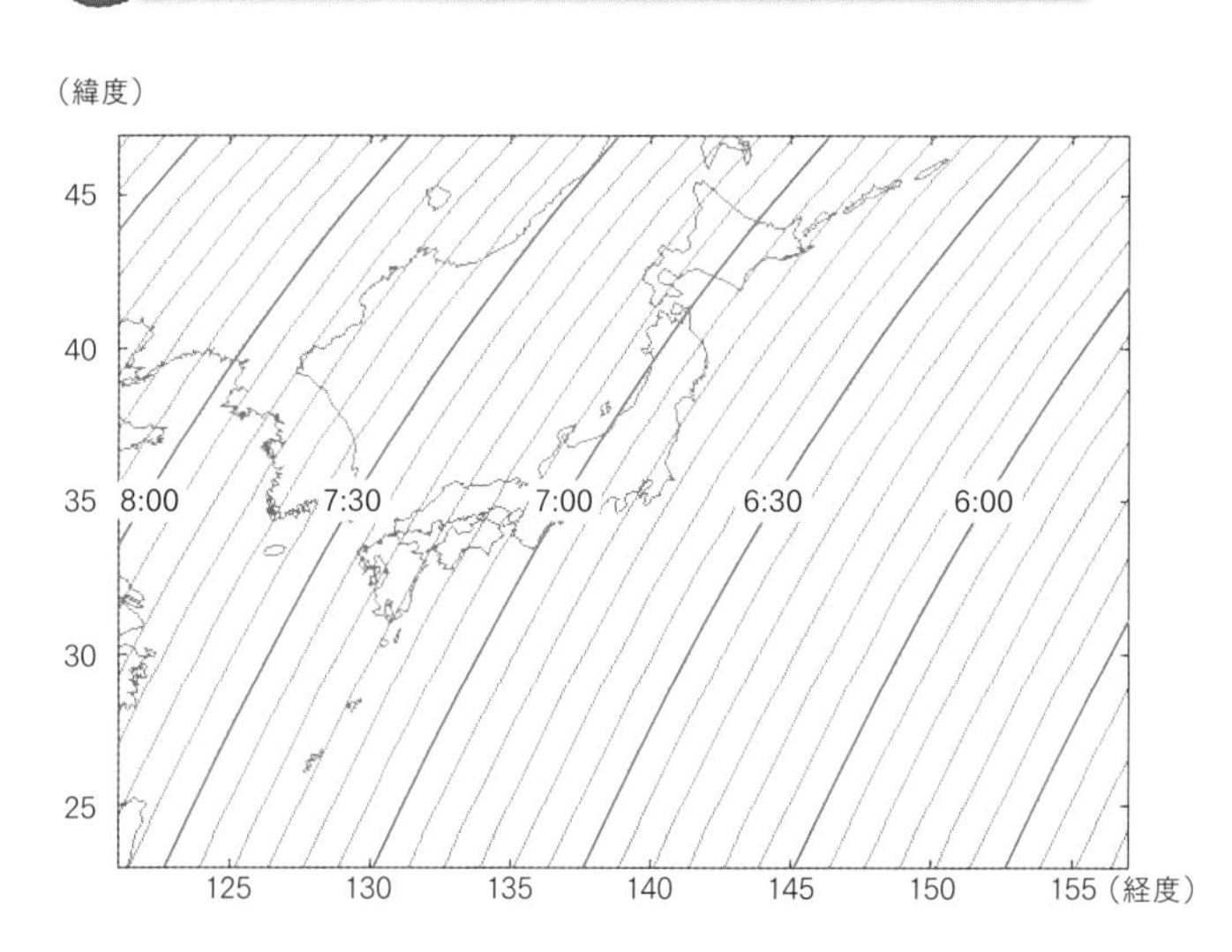

初日の出の時刻は、北海道・本州・四国・九州の平地に限れば、6時46分の千葉県の犬吠埼がもっとも早いです。

元日は冬至に近く、日の出時刻地図は冬至と似たような形になります。図2－11から、千葉県の犬吠埼（いぬぼうさき）が6時46分でもっとも早いということがわかります。

ここで、標高による効果を加えてみましょう。すると、標高3776メートルもある富士山における日の出は6時42分となり、犬吠埼よりも早いという結果が得られるのです。標高の効果はあなどれませんね。

しかし、標高を加えれば日の出の時刻がより正確にわかるのかというとそうではありません。この遠くまで見通せる効果は平らな土地にその1点だけが高くなった場合にしか有効ではなく、土地全体が高いとそのような効果が得られなくなりますし、山間部のように周りのほうが高い場合はむしろ地平線が見えないことも多いでしょう。

したがって、山からご来光を見たいという場合はできるだけ日の出の方向が見晴らしのよい地点を選んでいただくというのが吉です。もちろん、冬山は危険も伴いますので、安全には十分気をつけてください。

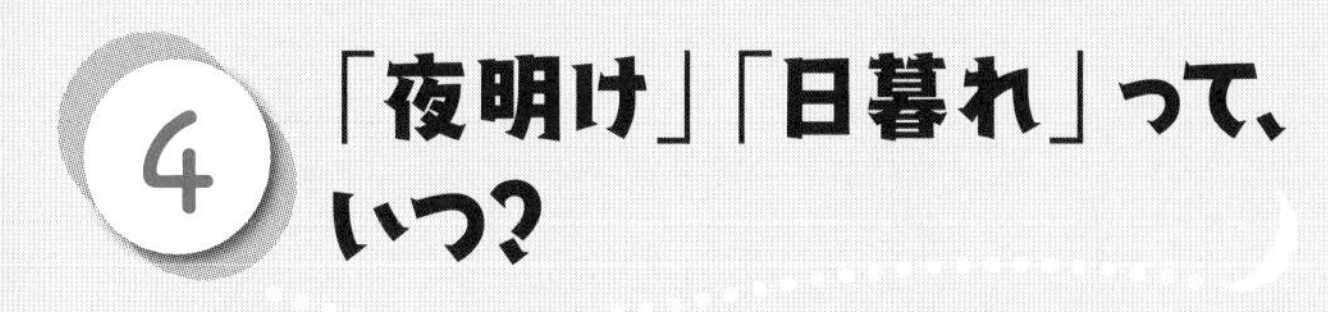

4 「夜明け」「日暮れ」って、いつ？

日の出とは太陽が地平線から顔を出す瞬間、日の入りとは太陽が地平線に隠れて見えなくなる瞬間でした。

しかし、この瞬間に突然明るくなったり暗くなったりするわけではありません。太陽は地上からだと見えなくても、高いところに昇れば、すなわち上空からなら見えているので、日の出前でも日の入り後でも空は明るいのです。

この、日の出前や日の入り後の空の明るい状態は日本付近では30分ほど続き、それぞれ夜明け、日暮れ、まとめて「薄明（はくめい）」と呼んでいます。

江戸時代は夜明けのことを「明け六つ」、日暮れのことを「暮れ六つ」と呼び、これを基準にして生活をしていました。

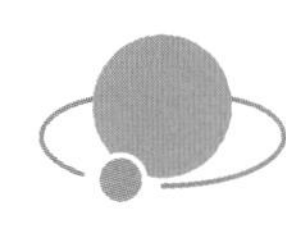

昼と夜の狭間で

図2−12からも推察できるように、夜明けや日暮れ＝上空に太陽の光が届くかどうかは太陽の高度に関係しています。

一方で、日の入りを迎える太陽がどのような道筋を動いていくかは場所（緯度）によって異なります（図2−13）。

たとえば、赤道付近では、太陽は地平線に対してまっすぐ沈むので日暮れの時間は短くなりますが、日本付近では斜めに沈みますし、日本よりも北方ではさらに斜めに沈むので日暮れは長くなります。

北緯60度以上では、夏至の頃の太陽は日暮れの高度にまで達しなくなりますから、一晩中明るい状態が続きます（白夜）。

さらに、季節によっても夜明けや日暮れの長さは変化します。

日の出前に空が明るい理由とは?

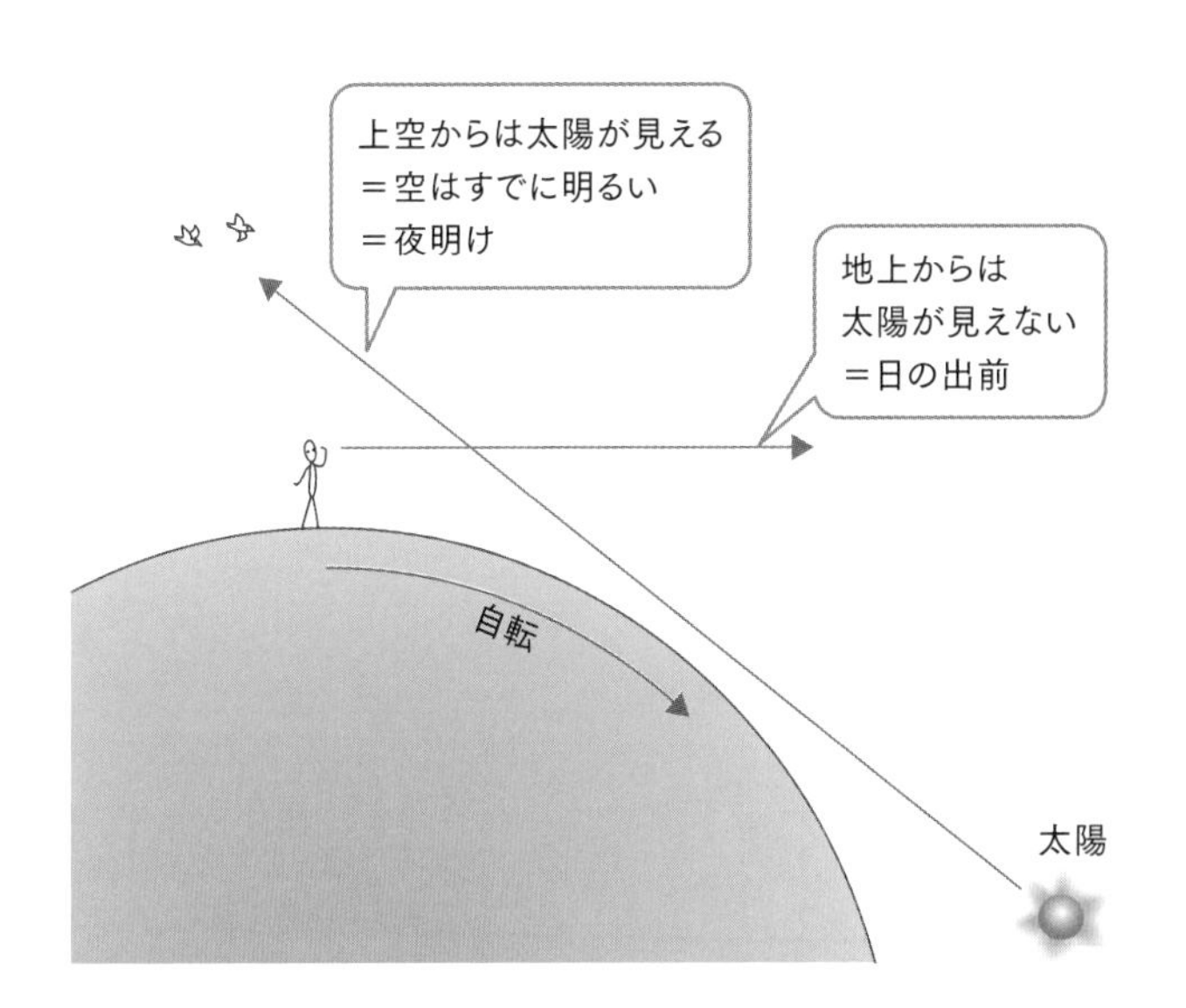

緯度によって違う太陽の動き

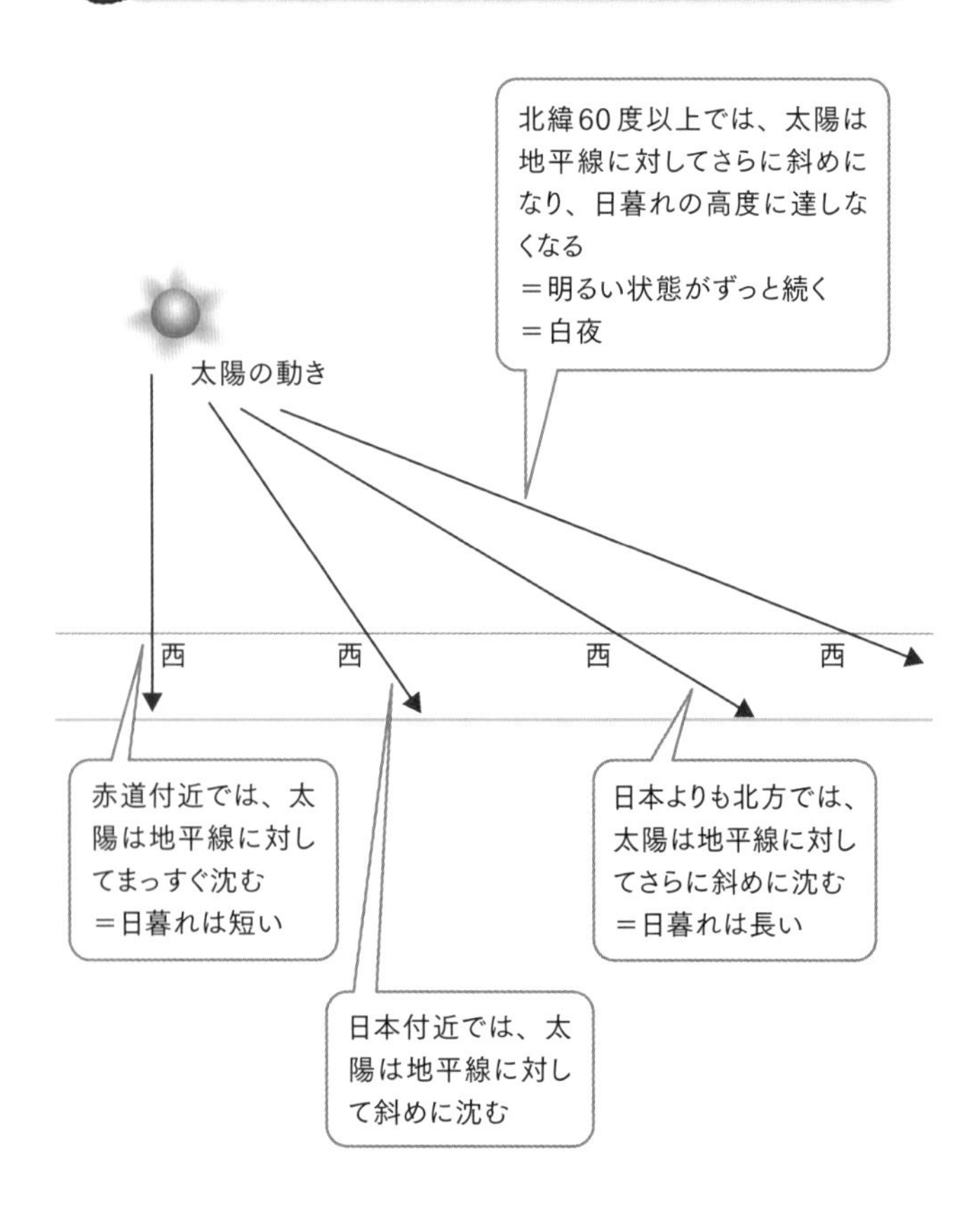

季節別の日の入り前後の太陽の動き（北緯 35 度）

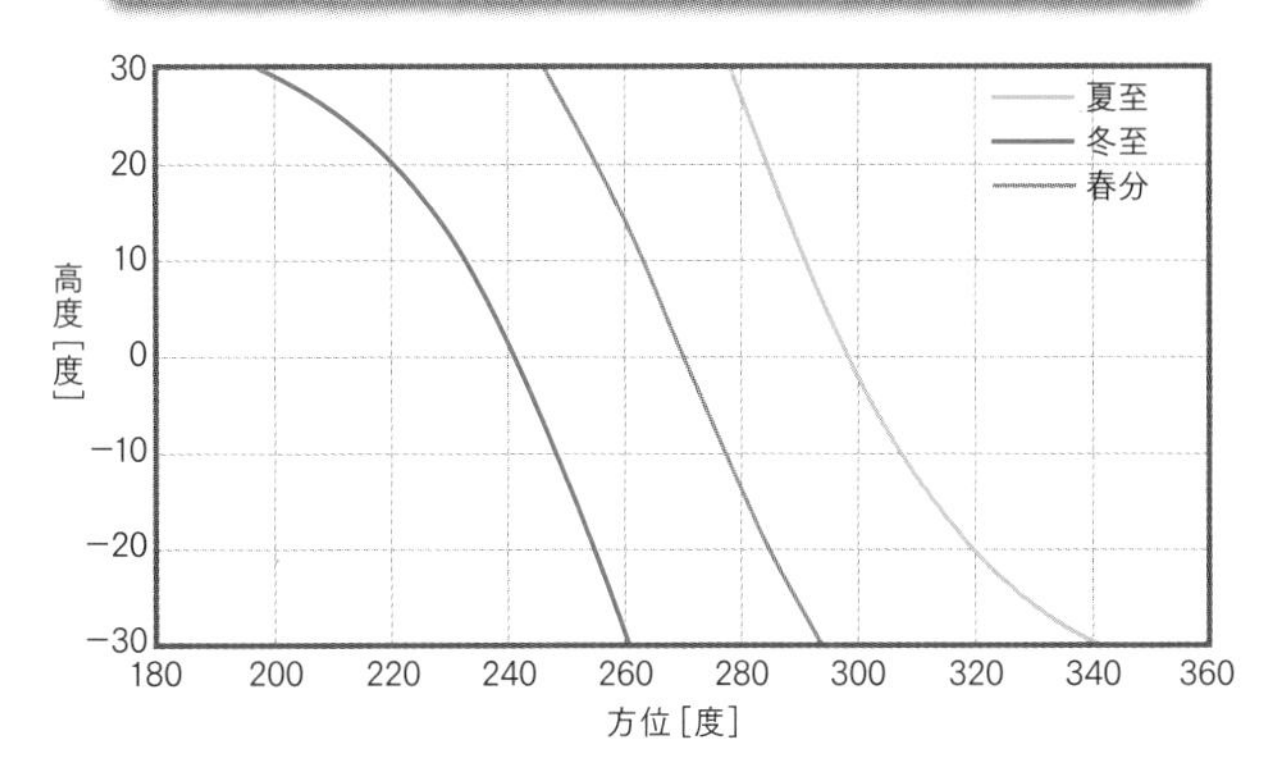

薄明時間の変化（北緯 35 度、東経 135 度）

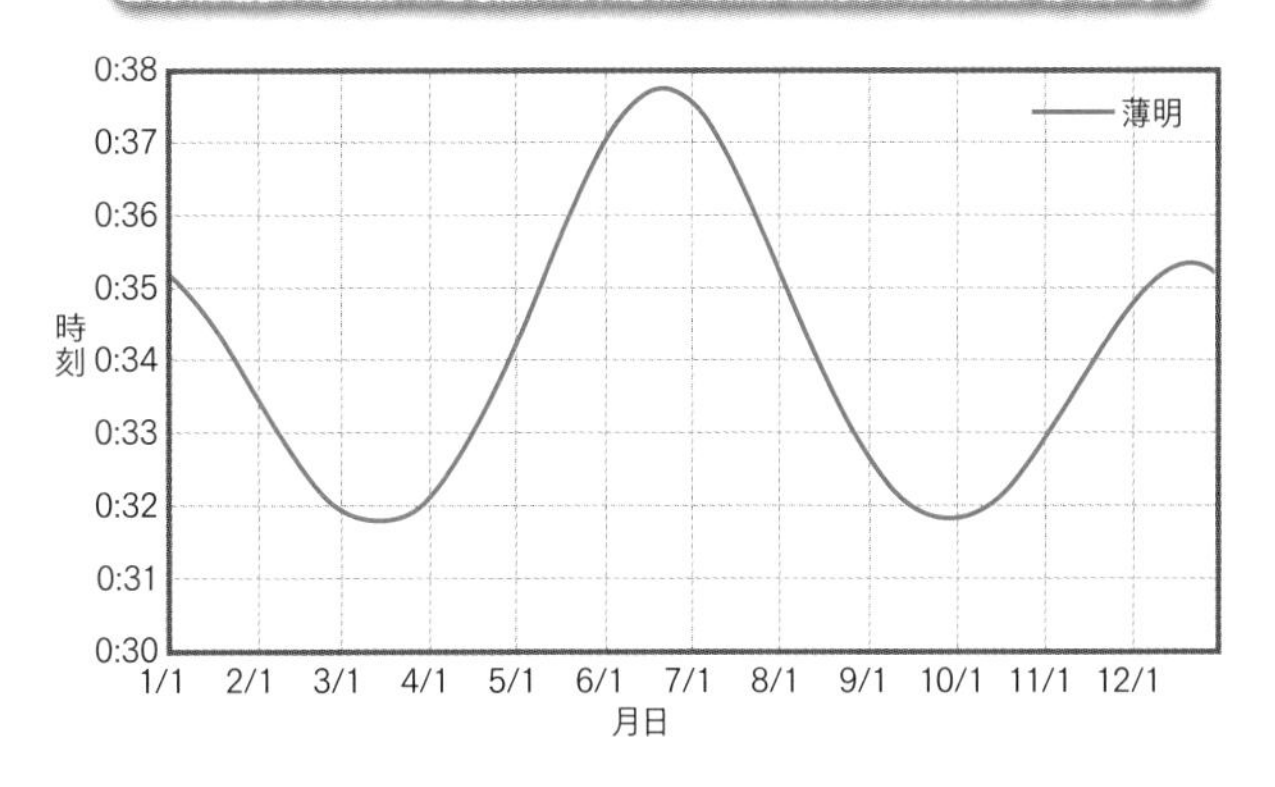

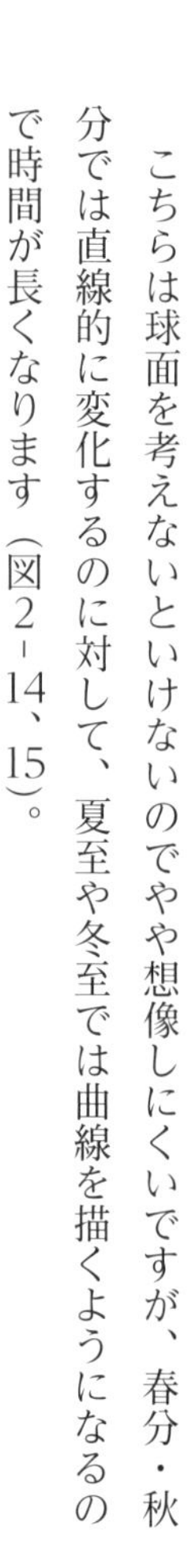

こちらは球面を考えないといけないのでやや想像しにくいですが、春分・秋分では直線的に変化するのに対して、夏至や冬至では曲線を描くようになるので時間が長くなります（図2－14、15）。

夜明け、日暮れは「36分間」の薄明り

さて、夜明けや日暮れは太陽の高度で決まると述べましたが、具体的には、太陽の中心の伏角(ふっかく)が7°21′40″となる瞬間と定義しています。伏角とは水平線よりも下の方向に測る高度のことです。太陽高度で定義するのはよいとしても、いささか数字が細かいと思いませんか。

じつはこの定義の起源は江戸時代の寛政暦(かんせいれき)にまで遡(さかのぼ)ります。寛政暦より以前の暦では季節によらず日の出前二刻半を明け六つ、日の入り後二刻半を暮れ六つとしていました。1日＝百刻という定義ですので二刻半＝

図 2-16

水平線より下の「伏角」って何？

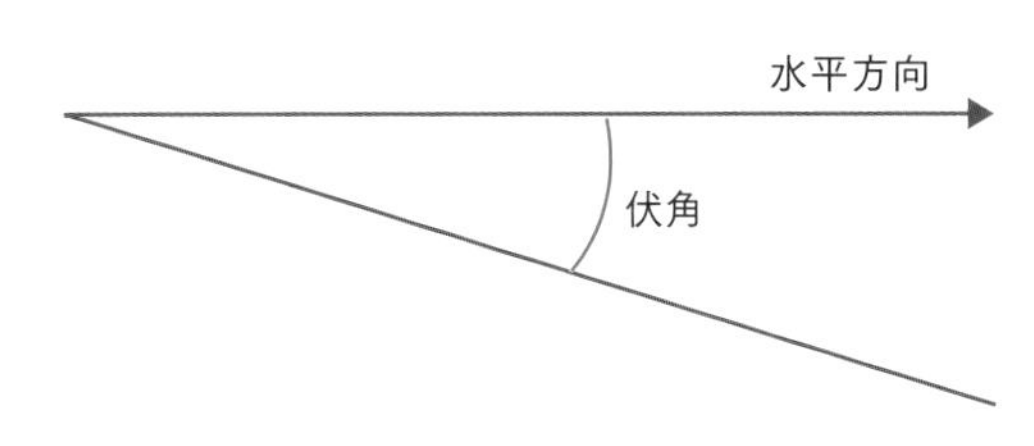

水平線よりも下の方向に測る高度

36分という計算になります。

しかし、これまで述べたように夜明けや日暮れの長さは場所や季節に依存するものであり、また、時計も現代のように普及していませんから、実際には空の明るさを見て判断することになります。

そこで、寛政暦ではより現実に即した定義として、太陽の高度を基準にすることになりました。具体的には、京都における春分・秋分の日の出前二刻半の太陽高度で、これが7°21′40″というわけです。

「太陽の動き」で、いろんなことがわかる！

1 「太陽の南中」でわかるあれこれ

南中とは天体が真南に来る瞬間のことで、この瞬間の太陽高度（南中高度）は１日の中でもっとも高くなります。

日本付近では太陽は南側を通るので南中でよいのですが、南半球では北側を通りますので、一般的には、その場所における子午線を東から西に通過する瞬間として「正中（せいちゅう）」あるいは「子午線通過」と呼んでいます。

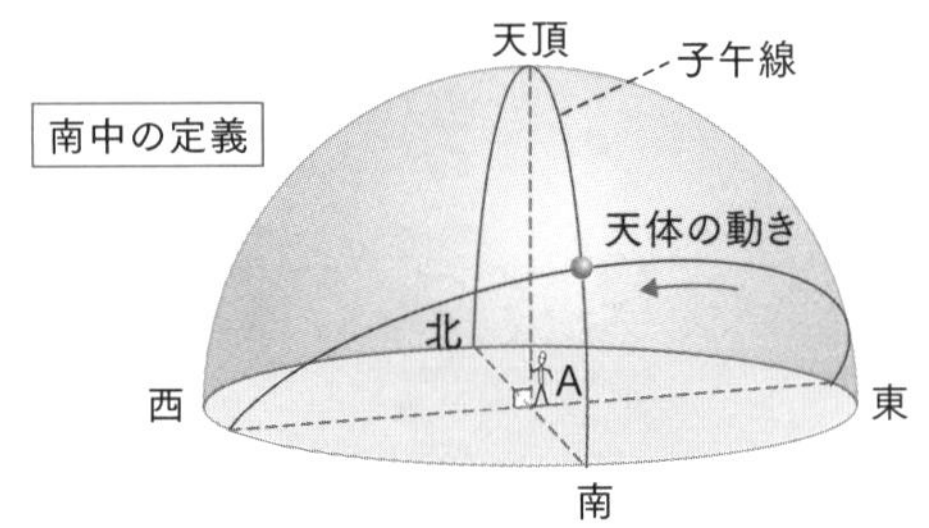

Aさんの真上の方向を天頂、Aさんを取り巻く球面上で南北と天頂を結ぶ線を子午線といいます

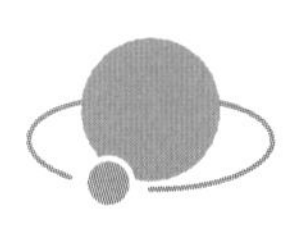

「南中高度」で季節がわかる？

太陽の南中高度は季節によって変化します。夏には高く、冬には低くなるということはよくご存じですね。

南中高度の季節変化も日の出入りと同じように地球の公転と季節の関係から理解できます。

図3－2において、ある地点で太陽が南中するとは、地球の自転によりその地点が太陽を向く瞬間を意味します。そして、南中高度とはその地点における接平面（せっへいめん）と太陽の方向のなす角度です。

地球の自転軸の向きと太陽の関係は季節によって変化しますから、それに伴って南中高度も変化するわけです。

地球の公転を復習しよう

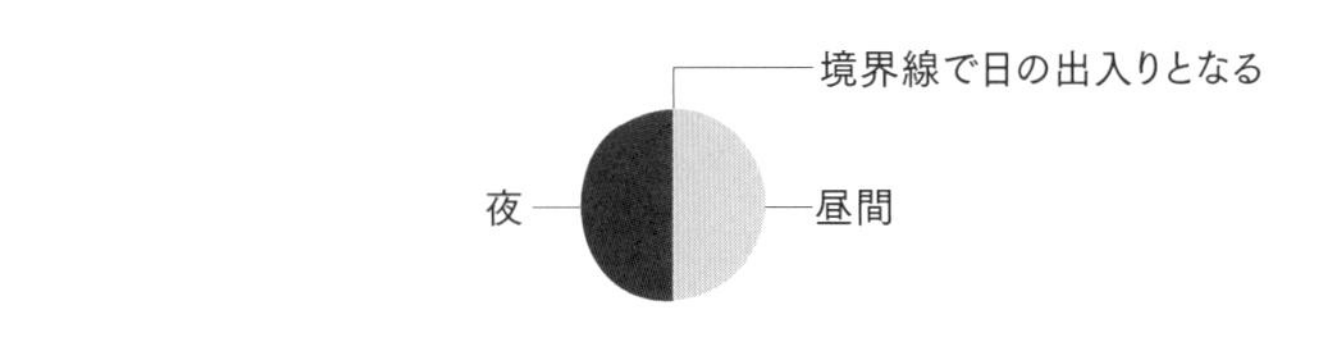

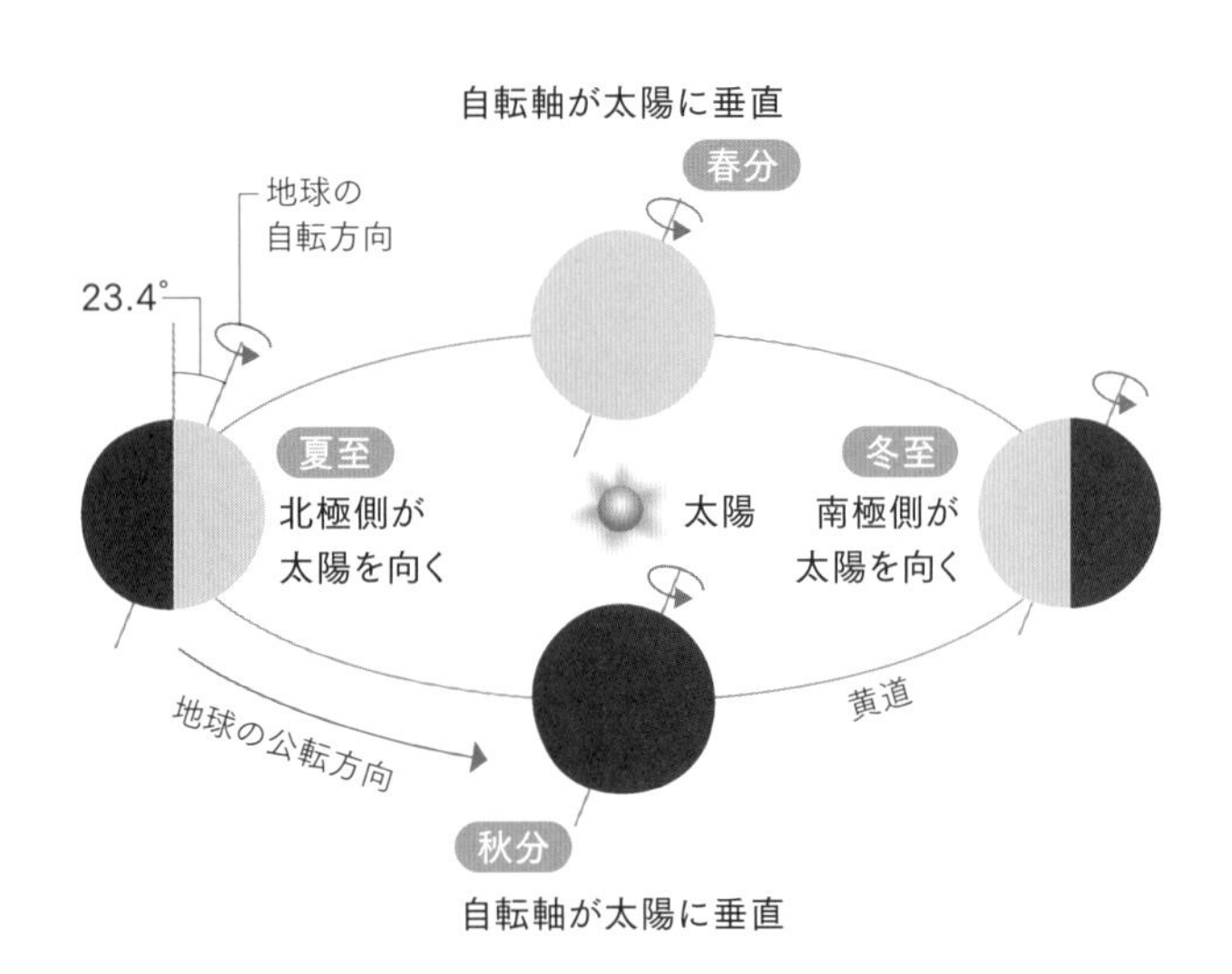

図 3-2

季節による南中高度の変化

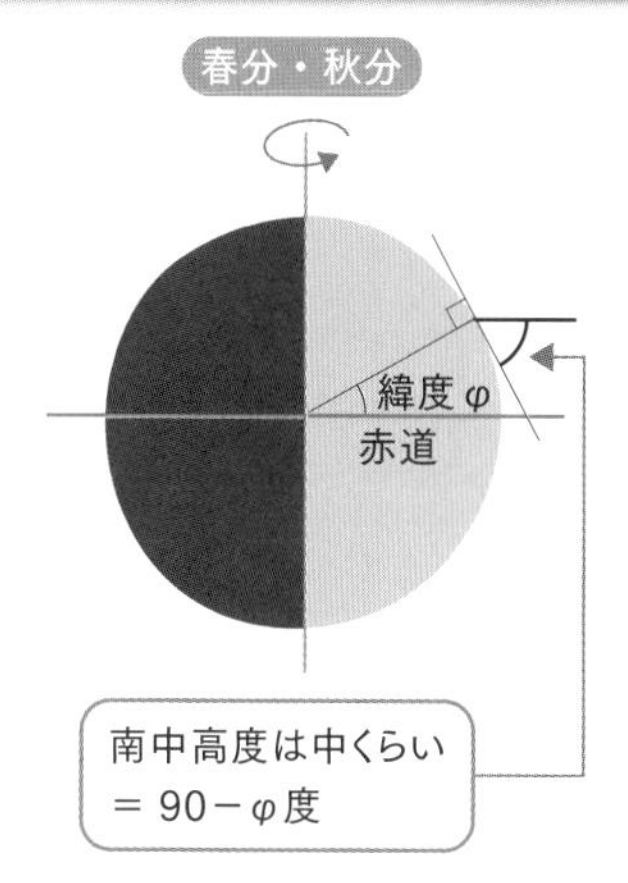

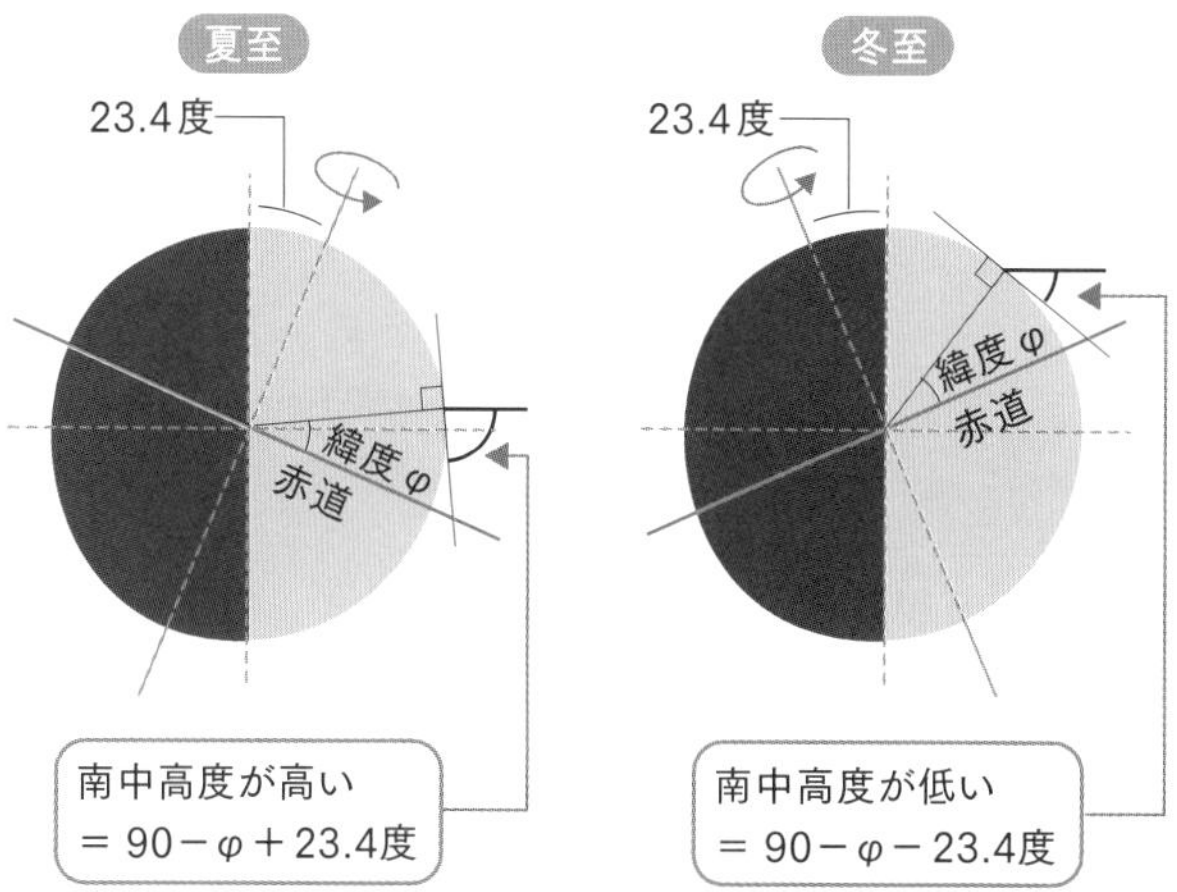

簡単な幾何学的計算により、春分・秋分における南中高度は90度－その地点の緯度、夏至における南中高度は90度－その地点の緯度＋23・4度、冬至における南中高度は90度－その地点の緯度－23・4度であることもわかります。

逆に、南中高度の変化から季節の変化を知ることもできます。

南中高度の変化を調べるのに、複雑な装置はいりません。地面に棒を1本立てて、その影の長さを測るだけでよいのです（125ページ図3－4）。

実際に、初めて日本独自の暦法を導入した江戸幕府初代天文方の渋川春海（しぶかわはるみ）は、圭表儀（けいひょうぎ）という装置を使って冬至がいつかを調べていました。

主表儀全図（寛政暦書より）

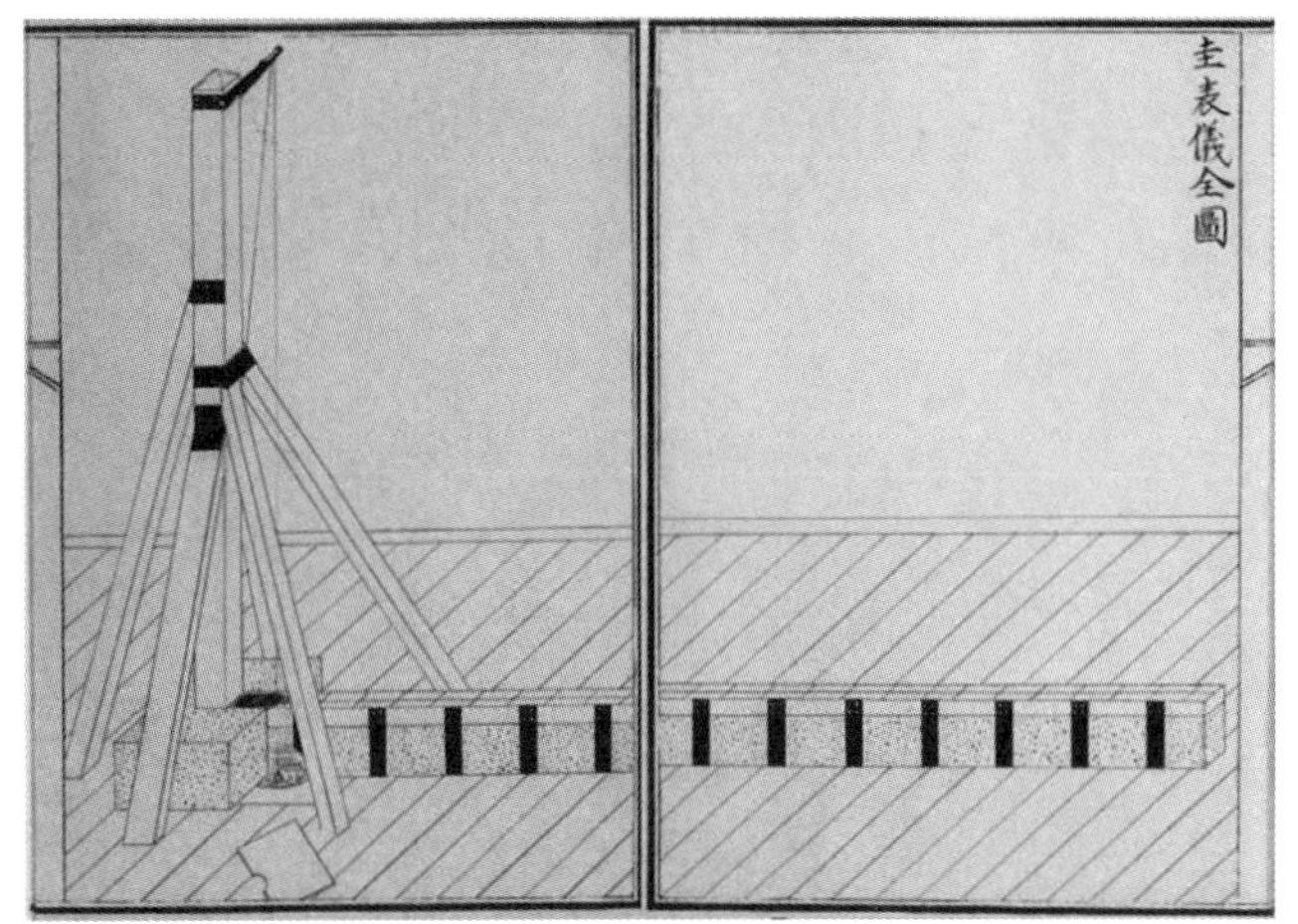

国立天文台図書室所蔵

江戸幕府初代天文方の渋川春海は、このような装置を使って冬至がいつかを調べていました。

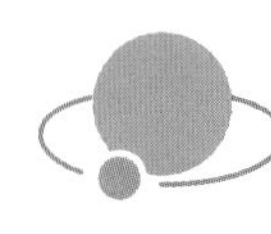

「1年で一番昼が長い日」はいつ？

南中高度が高いということは、太陽が高い軌道を描いて運動することを意味します。それにかかる時間も長くなりますから、昼の時間は長くなります。逆に、南中高度が低ければ昼の長さは短くなります。

昼の長さが夏至や冬至の定義ではありませんので、絶対にそうなるわけではありませんが、夏至や冬至の頃の昼の長さの変化はごくわずかですから、夏至がもっとも昼の長い日、冬至がもっとも昼が短い日であるといって差し支えないと思います。

なお、日の出入りの時刻から昼の長さを計算すると、ときどき夏至よりも昼の長い日あるいは冬至よりも昼の短い日が見つかりますが、分単位で丸めた数値を使っているためにそう見えるだけというのがほとんどです。

エラトステネスが
地球の周の長さを求めた方法

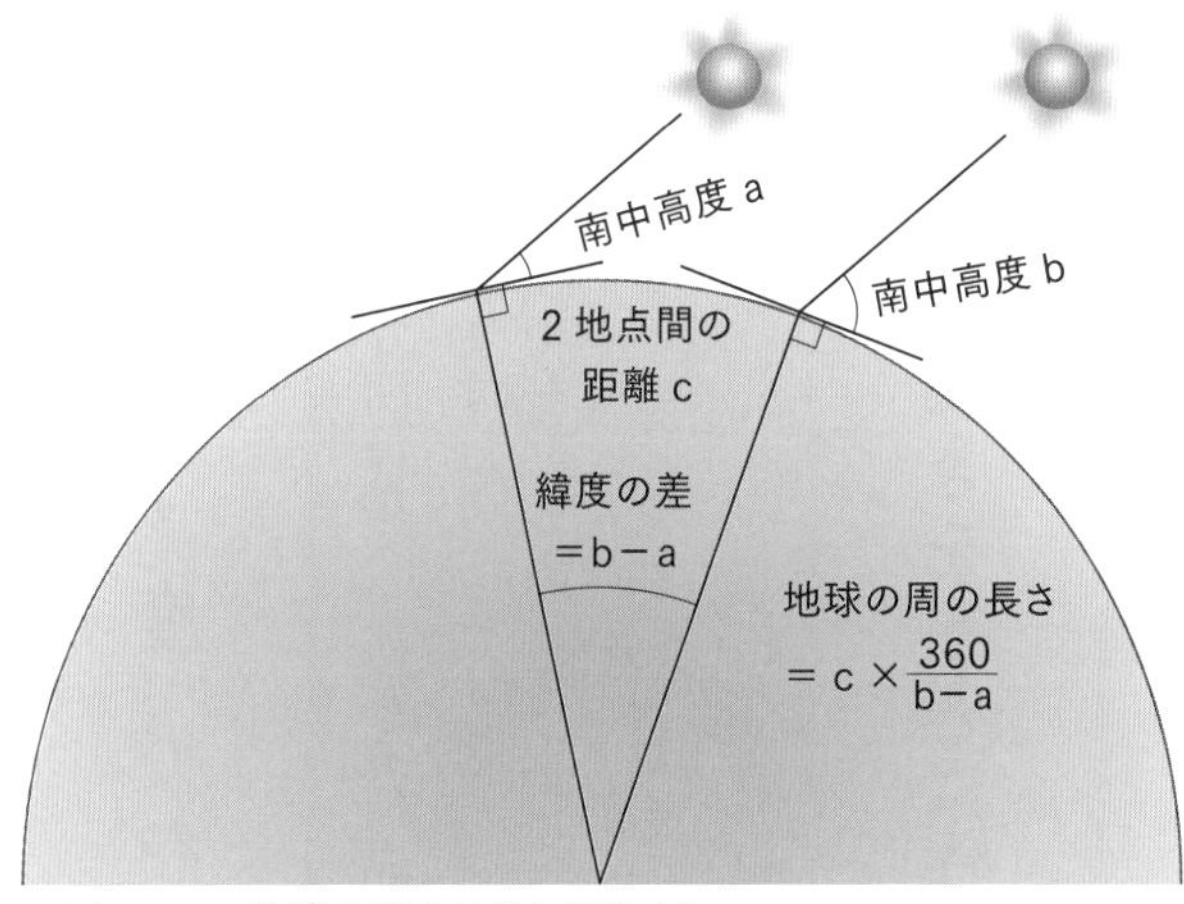

c：b － a ＝地球の周の長さ：360 より

地球の大きさは「南中高度」でわかった!?

図3－3のように、幾何学的な関係から、ある2地点での南中高度の差は、2地点の緯度の差に等しくなります。

紀元前3世紀頃、エラトステネスは経度の近いシエネとアレクサンドリアにおける南中高度の差＝緯度の差、と両地点間の距離から、地球の周の長さを求めることに成功しました。

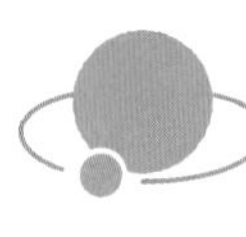

その遺跡は太陽の動きをもとに作られたかも!?

方角は方位磁石で調べるもの、でしょうか。

図3-4 太陽の動きから方位を知る

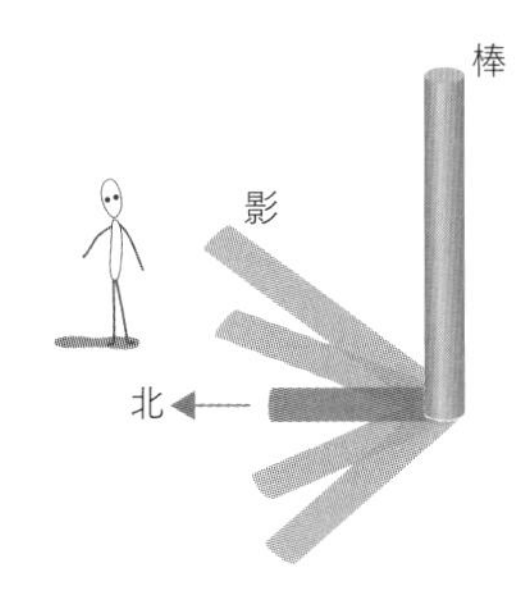

影の長さがもっとも短くなるときが南中時で、そのときに影の示す方向が真北です。ただし、この前後の影の長さはあまり変化しないので、正確に求めるのは困難です。

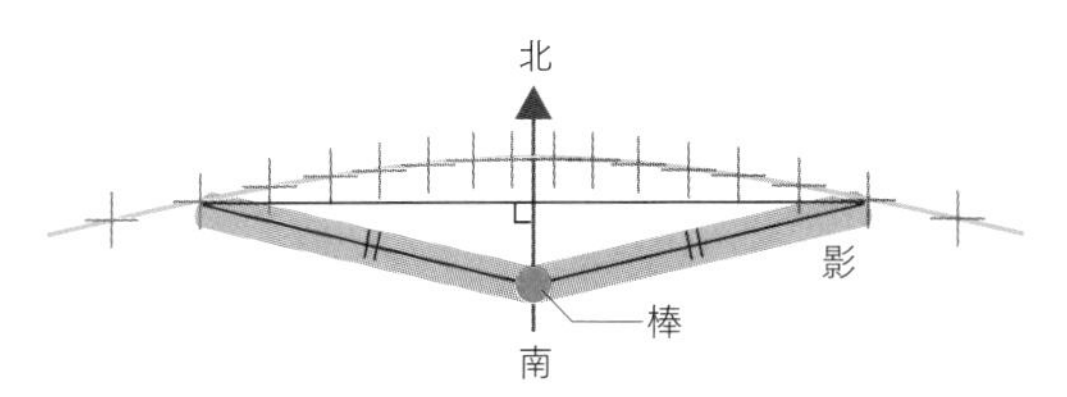

影の長さが同じになったときの影の先端を結び、それに垂直な線を引くことで南北がわかります。

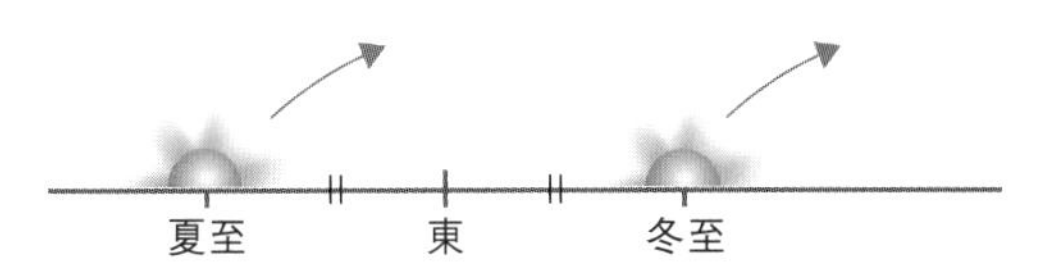

日の出入りからも方位を知ることができます。
日の出がもっとも北寄りになるときの方向と、
もっとも南寄りになるときの方向の中間が東です。

方位磁石は地球のもつ磁場の方向＝磁北を指し示しますが、この方向は北極点の方向＝真北とは異なるのです。どれくらいずれるかは場所によりますが、日本付近の場合、磁北は真北に対して6～10度ほど西に傾いています。その分も加味しないと真北はわからないわけです。

北極星なら真北がわかると思う方もいるでしょう。

今ならばそれでも構わないのですが、歳差と呼ばれる現象のため、北極星はずっと真北にはなく、長い時間をかけて動いていくことが知られています。古代エジプト人ではこの方法も使えないでしょう。

南中時には太陽は真南にありますので、南中時刻の情報と時計があればそのときの太陽の方向が真南だとわかります。しかし、そういった情報がなくとも、図3－4のように、太陽の動きを観察するだけで方位を調べることができるのです。1章（17ページ）で紹介したような遺跡は、その実践例と呼べるでしょう。あなたの身近にもそんな遺跡があるかもしれません。

コラム4 令和改元に想う

平成31年4月1日、新元号「令和」が発表され、5月より時代は令和へと移りました。政府の発表によれば、「令和」は『万葉集』巻五「梅花歌三十二首」の序文「初春令月 気淑風和（初春の令月にして気淑く風和ぎ）」から引用したもので、中国の古典ではなく日本の古典を出典とするのは史上初のことです。初春とは陰暦正月のことで、実際この梅花の宴は天平二年正月十三日に開かれました。この日はグレゴリオ暦に換算すると730年2月8日であり、大宰府といえども早咲きの梅が咲く程度だったかもしれません。

一方、この序文自体が中国の古典『文選』巻十五に収められた「帰田賦」の影響を受けているという指摘もあります。広辞苑などには「令月」とは万事をなすのによい月、めでたい月、嘉辰令月、に加えて陰暦二月の異称とありますが、これは帰田賦の「仲春令月 時和気清」の仲春＝陰暦二月をもとにしているのでしょう。

帰田賦の作者である張衡は後漢の太史令、すなわち天文や暦法を司る役所の長官も務めた人物です。古代中国の宇宙観の1つである渾天説は、張衡の著書『渾天儀』において集大成されました。渾天説とは丸い天が地を包み、北極・南極を軸に1日1回転することで星が見え隠れするという考え方で、赤道や黄道の概念も含む、現代の天球に近い宇宙観です。張衡はさらに渾天説の原理を示す渾天儀（渾天象）という模型も作っています。これは星々を描いた天球が漏刻（ろうこく）の水を動力として自動的に1日1回転し、星の出入りや南中を忠実に再現することができたそうです。

漏刻とは水の流れる速さが一様になるよういくつもの壺を管で連結したような装置（下図。西村遠里、授時解より、国立天文台図書室所蔵）で、水位の変化から時の経過を測る水時計です。日本書紀には、天智天皇十年四月辛卯（二十五日、グレゴリオ暦換算で671年6月10日）、新しい台に漏刻を設置し鐘鼓（しょうこ）を鳴らして時を告げた、という記事があり、これが6月10日「時の記念日」の制定につながりました。大正9年（1920）の記念日制定から100年経った現在でも、当時の都・近江大津宮の近くにある近江神宮ではこれを記念した漏刻祭が毎年執り行われています。

日本書紀には天智天皇が中大兄皇子（なかのおおえのおうじ）と呼ばれていた斉明天皇六年（660）に初めて漏刻を作り、民に時を知らせたという記事もあり、こちらは奈良県の飛鳥水落遺跡と推定されています。中大兄皇子といえば乙巳（いっし）の変（645）に始まる大化の改新の中心人物であり、日本の年号の歴史もこの「大化」に始まり、「令和」まで248個を数えます。

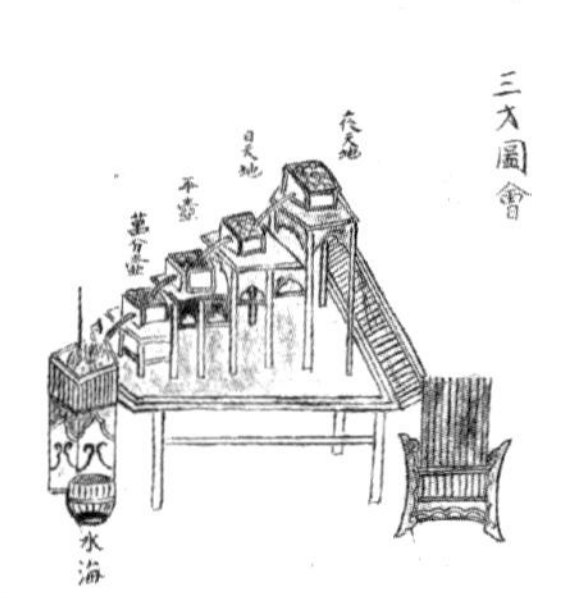

2 「南中時刻」はいつも同じ？

南中時には太陽は真南にありますから、その場所からまっすぐ南に動いたとしてもやはり太陽は真南に見えます。つまり、経度の同じ地点は緯度によらずにいっせいに太陽が南中するのです。

そして、地球の自転によって1時間後には経度15度だけ西に離れた地点で南中、2時間後には経度30度だけ西に離れた地点で南中……、24時間＝1日後には経度360度だけ西に離れた地点、すなわち同じ地点でふたたび南中します。

地球はほぼ同じ速度で自転していますから、太陽は季節によらず毎日規則的にお昼に南中するというわけです。

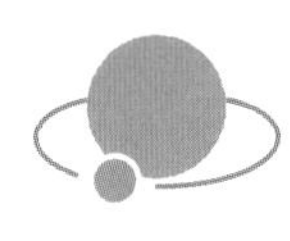

じつは「南中時刻は12時とは限らない!?」

逆にいえば、経度の分だけ時刻を補正すると、どこでもお昼頃に太陽が南中するような時刻系を作ることができます。

ただ、さすがに経度ごとに時刻を変えるのは不便ですので、ある程度経度の近い範囲では同じ時刻を使うのが普通です。これが標準時で、日本では世界時＋9時間という時刻系を使っています。

その結果、経度135度では12時頃に太陽が南中しますが、それより東では12時前に、西では12時より後に太陽が南中することになります。つまり、一般的には南中時は12時とは限らないのです。

南中時が12時ではないとしても、地球が同じ速度で自転していれば、太陽は毎日同じ時刻に南中しそうな気もします。
しかし、実際に北緯35度、東経135度（兵庫県西脇市）の地点における南中時刻をグラフにすると図3－5のようになります。

これは地球の自転だけでなく、公転も南中に関係しているからです。地球が1回自転する間にも、地球は公転しています。1日は太陽の南中から南中までの時間ですから、地球が360度自転するだけでは不十分で、地球が公転で動いた分だけ、余計に自転しなければなりません（図3－6）。

この、余計に自転しなければならない量が一定ならば南中時も変化はしないことになりますが、実際には、地球がケプラー運動していることと（図3－7）、地球の自転軸が公転面に対して垂直でなく傾きをもつこと（図3－8）により、図3－9で示したように南中時は複雑な変化をするのです。

南中時刻の季節変化
（北緯 35 度、東経 135 度）

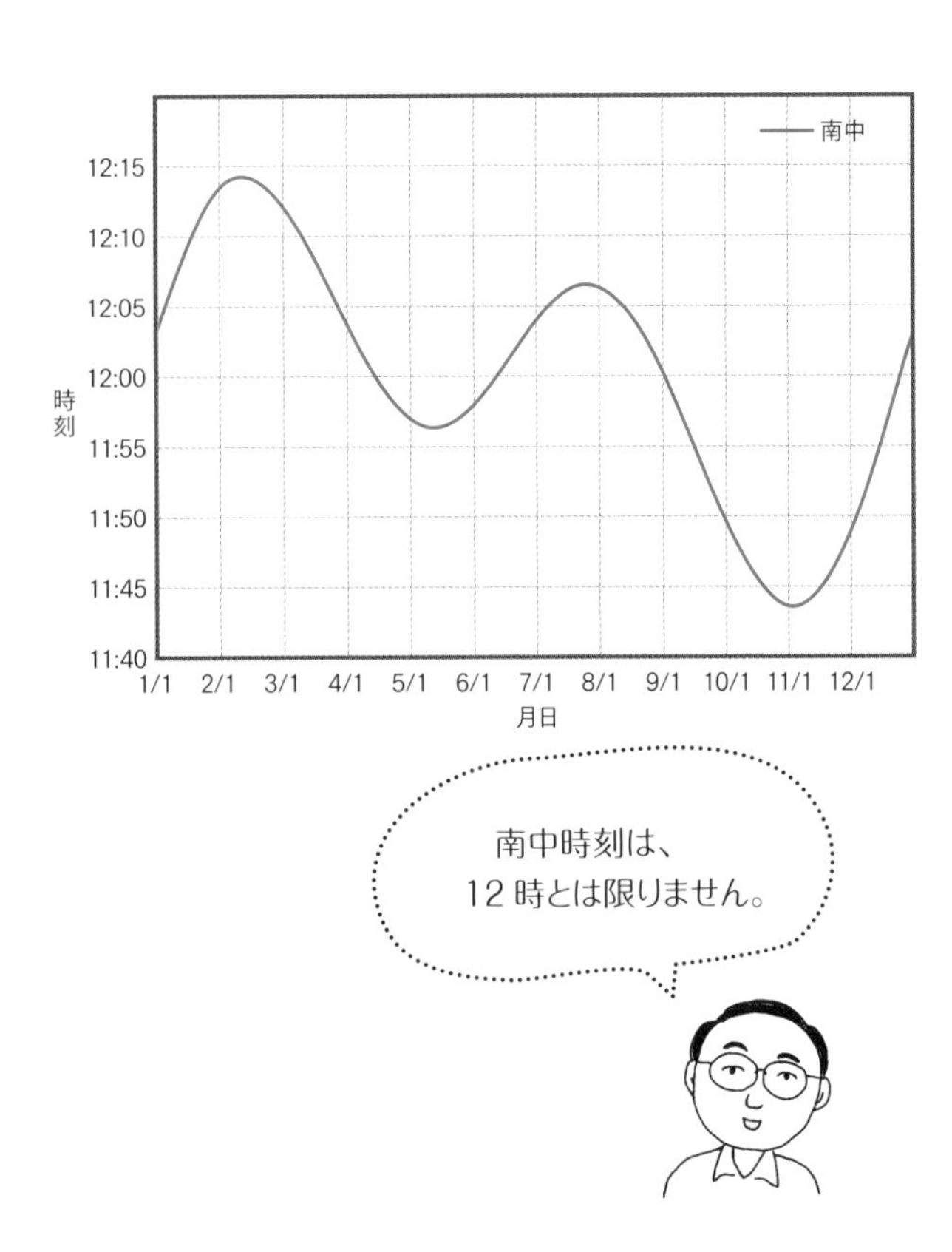

図3-6 太陽の南中とは?

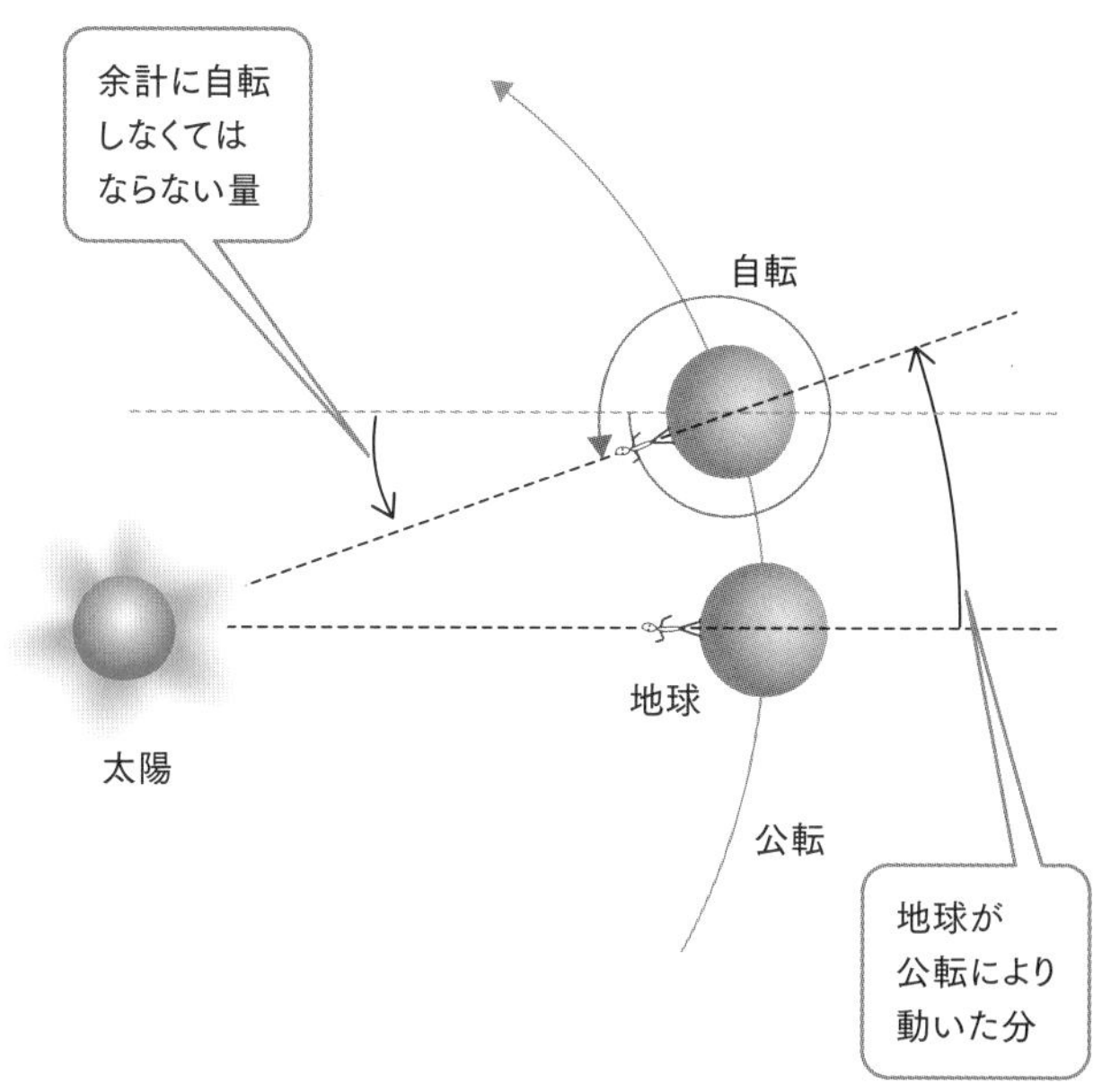

地球は自転する間にも公転を続けていますから、360度自転するだけでは太陽は南中せず、公転により動いた分だけ余計に自転することで、ようやく南中します。

南中時の変化（北緯35度、東経135度）
ケプラー運動による効果

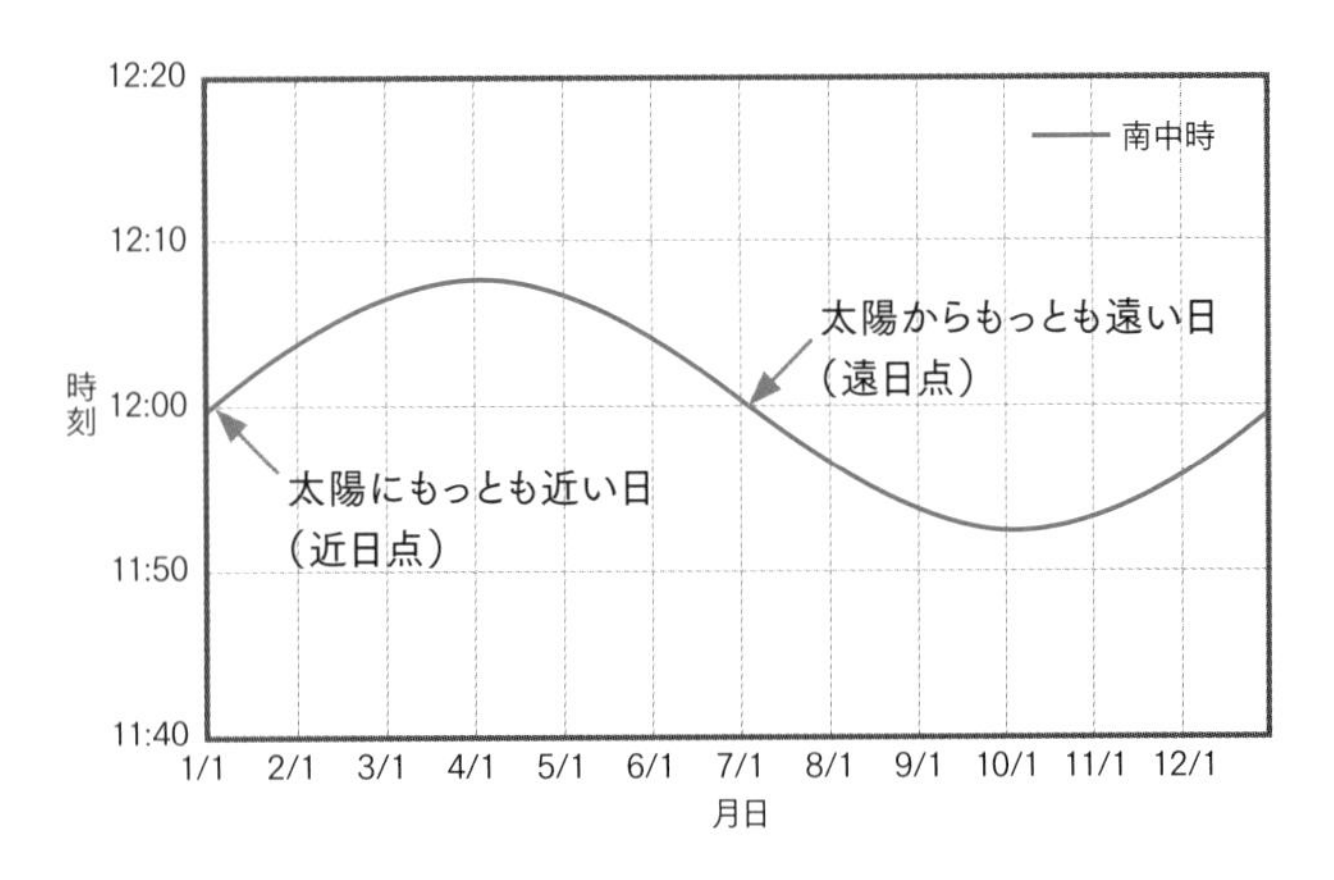

地球と太陽の距離によって
南中時は変化する。

南中時が変わる理由とは？　その1

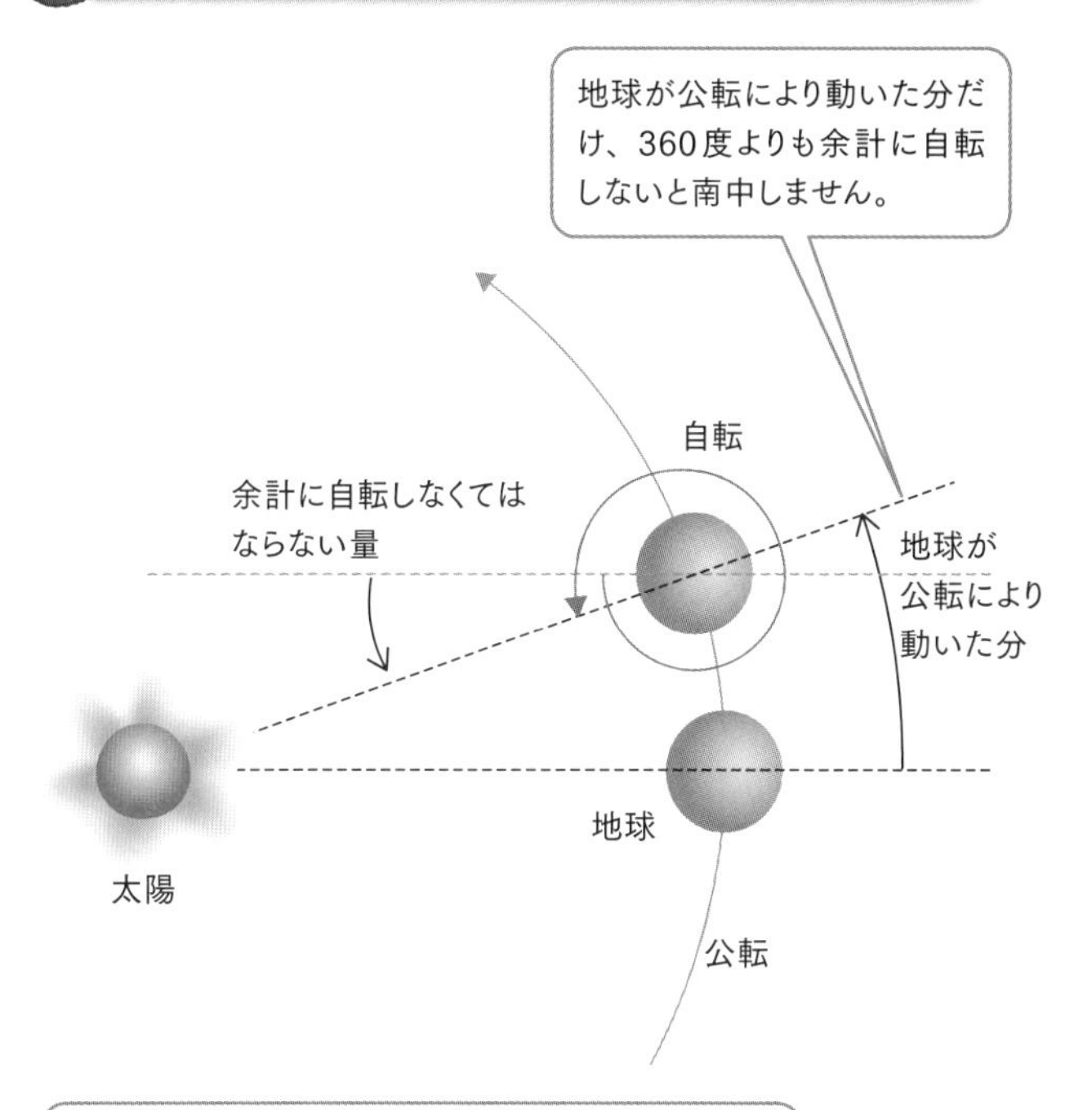

ケプラーの第2法則により、太陽に近いときには地球は早く動きます。このため、南中から南中までの間隔は長くなり、南中時刻はだんだん遅くなります。逆に、太陽から遠いときには遅く動くので、南中の間隔が短くなり、従って、南中時刻は早くなっていきます。

南中時の変化（北緯35度、東経135度）
自転軸の傾きによる効果

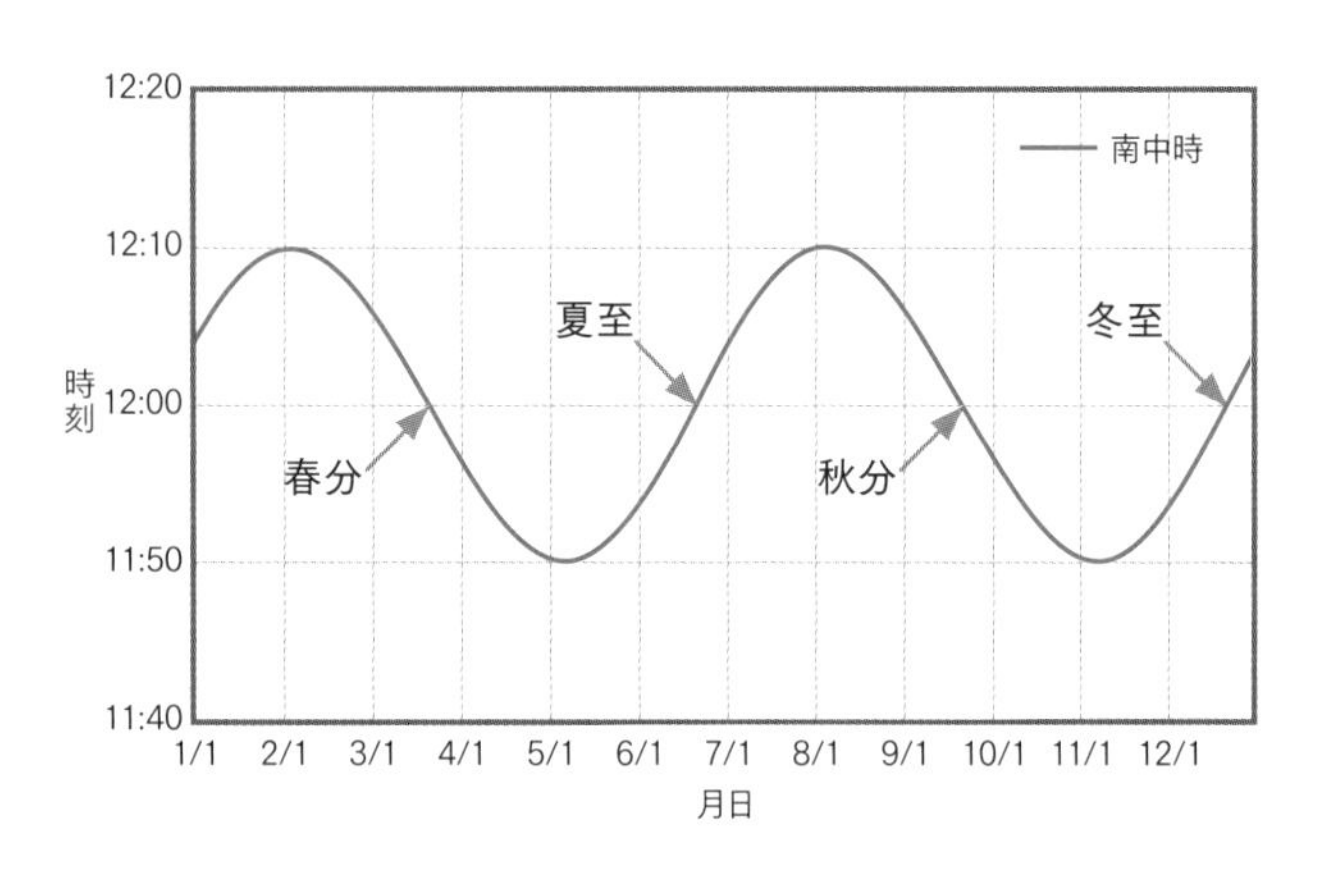

地球の自転軸の傾きも
南中時に影響を及ぼす。

図3-8 南中時が変わる理由とは？　その２

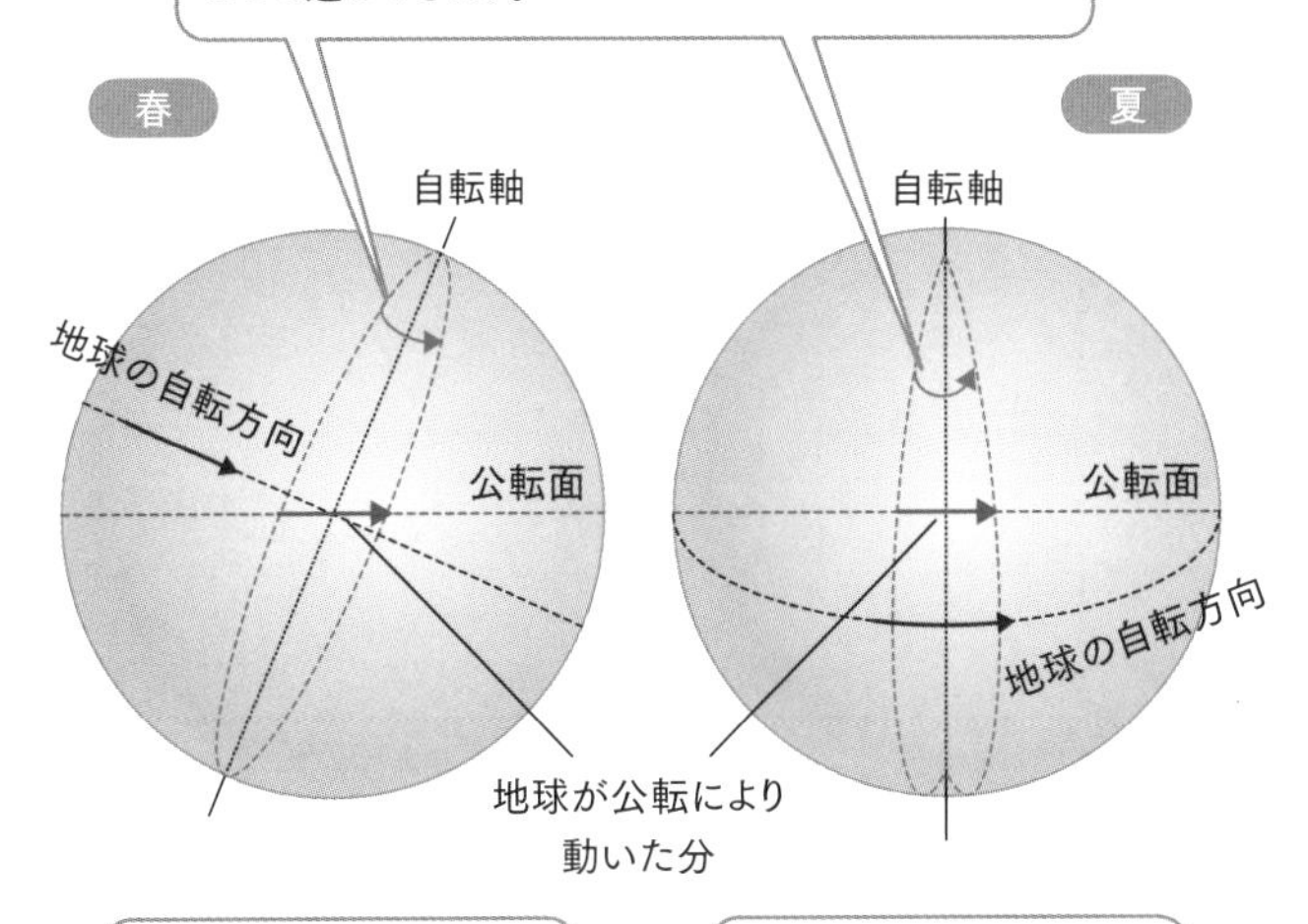

春や秋は公転面に対して傾いた向きに自転しているため、余計に自転しなければならない量は小さくてすみ、南中時刻は早くなっていきます。

夏や冬は公転面に対してほぼ並行に自転しているため、余計に自転しなければならない量は大きくなり、南中時刻は遅くなっていきます。

南中時が変わる理由とは？　まとめ

南中時の変化（北緯 35 度、東経 135 度）
ケプラー運動による効果と自転軸の傾きによる効果を合わせたものが、実際の南中時の変化となる。

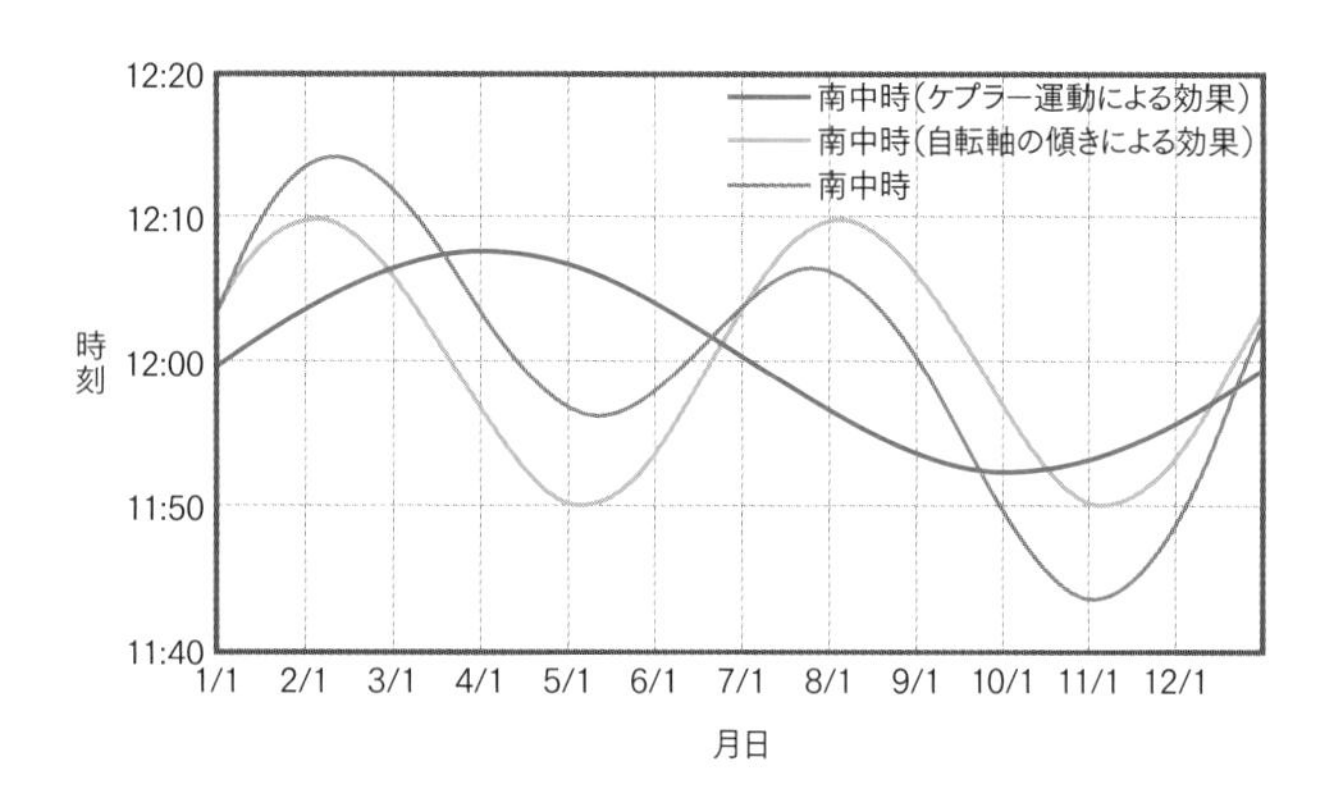

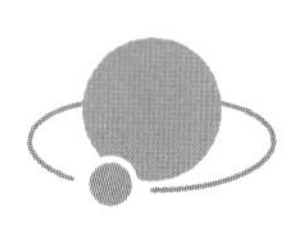

「日の出入り」がもっとも早い（遅い）日は？

北緯35度、東経135度の地点における日の入り時刻をグラフにすると、図3－10のグレーの線のようになります。

前節では昼の長さは夏至や冬至でピークを迎えるという話をしました。が、よく見ると、このグラフは夏至や冬至でピークにならず、また、変化の様子も対称的ではありません。なぜ、このように複雑なのでしょうか。

その答えは南中時の季節変化にあります。南中時が12時からずれる分だけ、日の出入りもずれてしまうのです。

南中時のずれの分だけ日の入りを補正したものがオレンジの線です。みごとに夏至や冬至をピークとした、対称的なグラフになりましたね。

日の出についても同様となります（図3－11）

日の入り時刻の季節変化（北緯35度、東経135度）

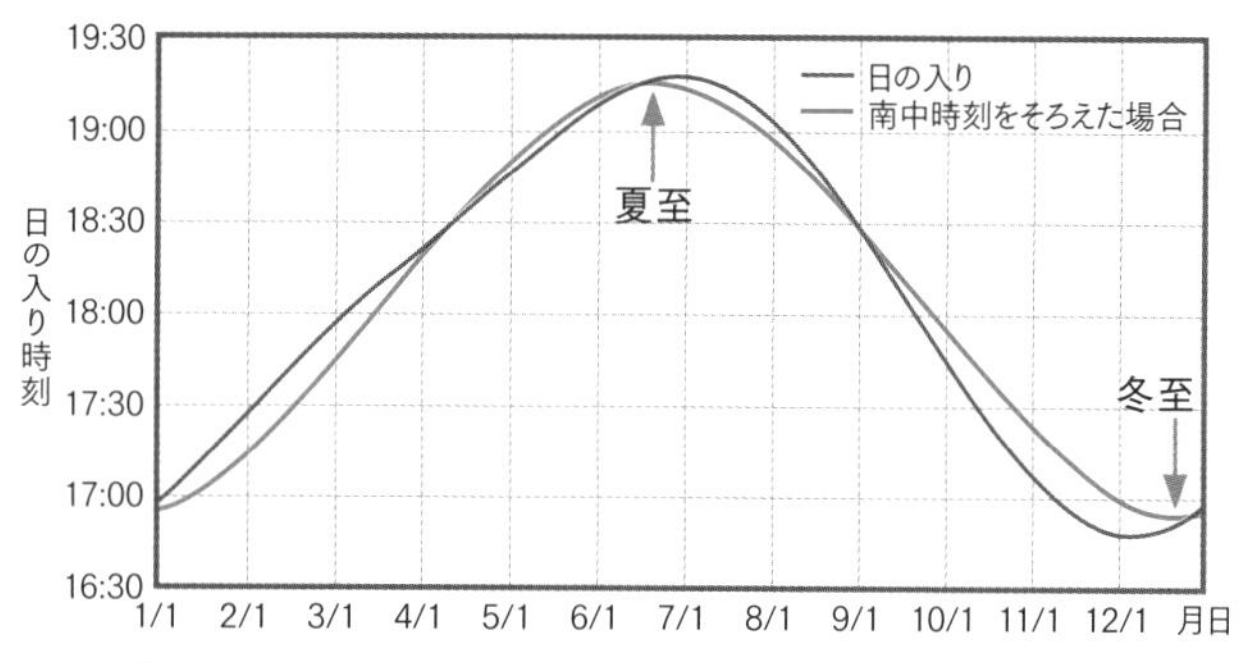

「冬至十日前」という言葉は、日の入りが一番早くなるのが冬至の10日前ぐらいということを表しています

日の出時刻の季節変化（北緯35度、東経135度）

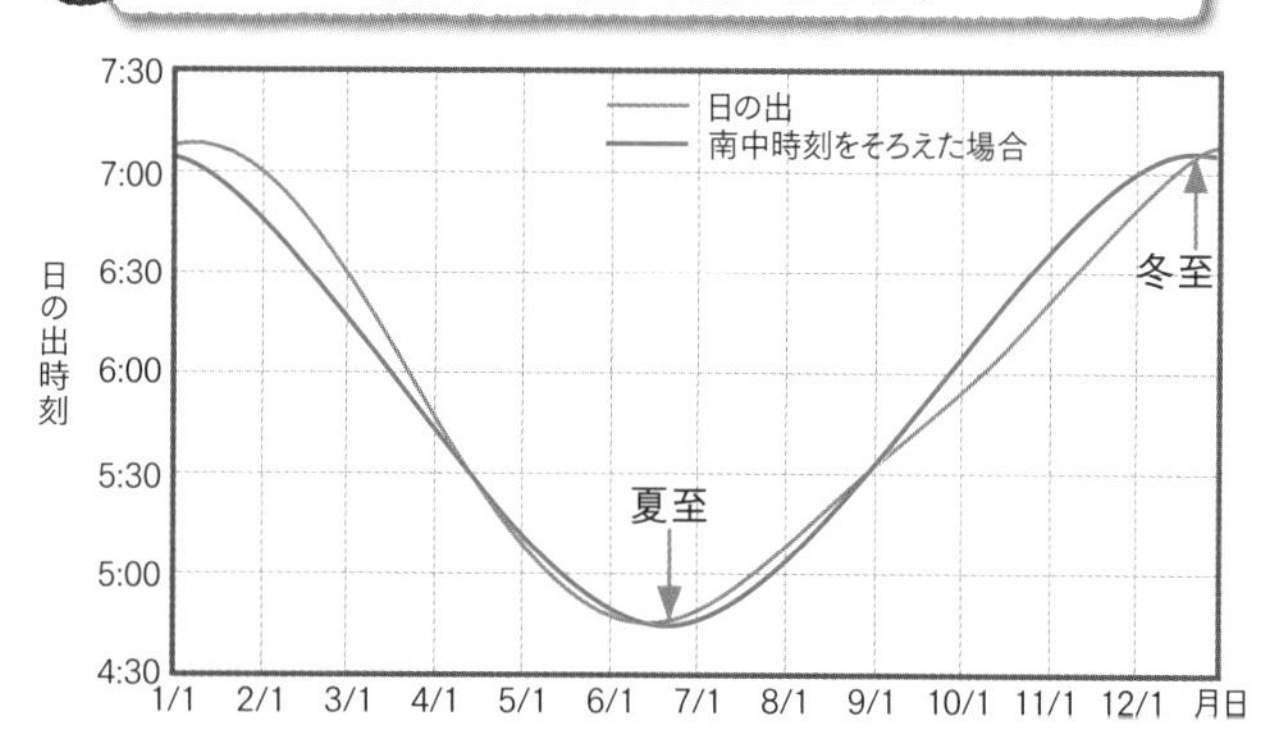

「月」を知れば知るほど「暦」がもっと面白くなる

1 「月の満ち欠け」の意外な謎

1日という概念が太陽の動きに由来しているのはもちろんです。

しかし、昨日の太陽と一昨日の太陽にほとんど違いはなく、きちんと記録を残さなければいつの出来事かすぐにわからなくなってしまいます。

これに対し、地球からもっとも近い天体である月は、単に明るく美しいだけではなく、満ち欠けによって形や見える時間帯が変わるという際立った特徴があります。

このため、人類ははるか昔から月の満ち欠けを頼りに日々を数えていたと考えられます。

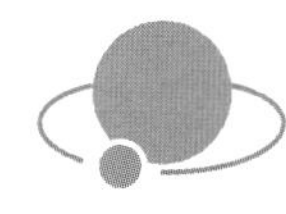

月はなぜ、「見え方が大きく変わる」の？

月は地球の周りをまわる衛星で、太陽の光を反射することにより輝いて見えます。地球から見た太陽・月の位置関係を図にすると、図4－1のようになります。

月が太陽と同じ方向にいるときが新月（朔）で、太陽に照らされていない面が地球を向いているため、月は見ることができません。

月が公転により動いていくと、光っている部分が徐々に見えるようになります（三日月）。

さらに動いていくと半分が光っているように見え（上弦）、太陽と反対方向にまでいくと、月全体が輝いて見える満月（望、望月）となります。

満月を過ぎると、今度は逆に月が動くにつれて光る部分が減少するようになります。そして、半分が光って見える月（下弦）を経て、ふたたび太陽と同じ方向に戻り、新月を迎えます。

この、新月↓上弦↓満月↓下弦↓新月というサイクルの周期はおよそ29・5 3日で、ここから1カ月という概念が誕生しました。また、7日ほどで新月↓上弦のように大きく変化することが1週間という概念の原型となったことはすでに述べました。

月の運動する軌道面は地球が太陽の周りをまわる軌道面（黄道面）に近いので、月がどれだけ太陽から離れているかは、この面上での角度（黄経の差）を用いて考えるのが普通です。

具体的にいえば、新月は地球から見て太陽と月のなす角度が0度となるとき、上弦は90度となるとき、満月は180度となるとき、下弦は270度となるときということになります。

一般的な概念で満月といえば一晩中見えると考えられますが、天文学的にはそういう位置関係になる瞬間として定義され、時刻まできっちり決まります。

また、現在でもイスラム教圏では、「新月」を1日とする太陰暦が使われていますが、ここでいう「新月」とは太陽と同じ方向にあって見えない月のことではなく、1~2日ほど経って夕方に見える細い月のことを指しています。新月ではなく朔、満月ではなく望という用語を用いて区別しているのはこのためです。

なお、古代中国ではこの細い月の位置から、太陽と同じ方向にあったと思われるときまで遡(さかのぼ)って新月を定めていました。朔という名前はここに由来しています。

太陽と月の相対的な位置関係により、月は見かけ上の形を変えていきます。

ここで、月が地球の周りを公転する軌道面は、地球が太陽の周りを公転する軌道面（黄道面）とほぼ同じですから、月と太陽の相対的な位置関係はこの面上での角度（黄経の差）によって表現することができます。

月の満ち欠けを復習しよう

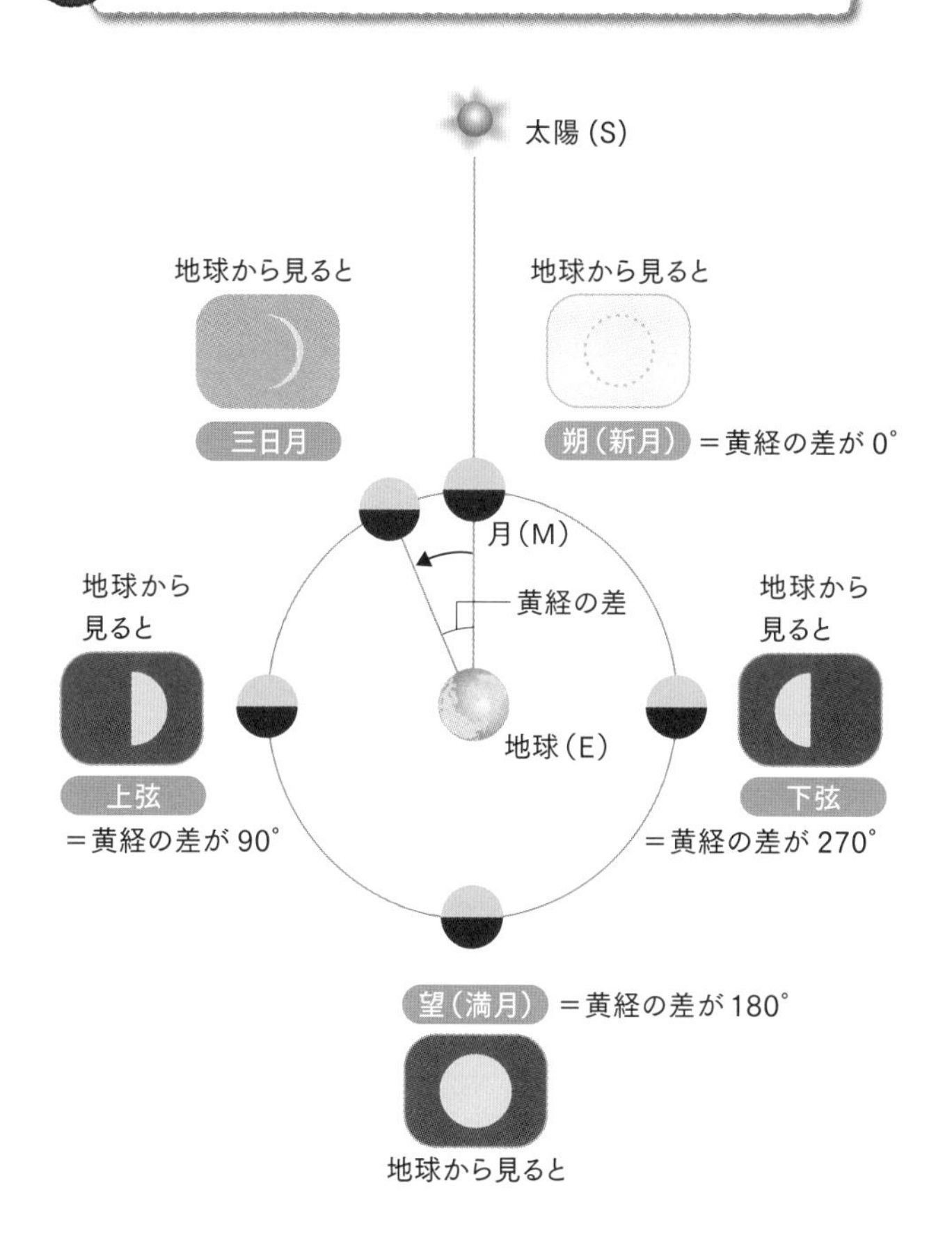

② 「月齢」は、どう決まる？

太陰太陽暦では、各月の１日は必ず新月で、15日頃が満月になるように、日付と月の満ち欠けが連動しています。

しかし、太陽暦ではまったく関係がありません。そこで月の満ち欠けが簡単にわかるような指標である月齢が考案されました。

じつは、明治６年の太陽暦導入以降も太陰太陽暦による日付が公式の暦である本暦に記載されていましたが、明治43年以降これに代わって記載されるようになったのが正午月齢（しょうごげつれい）なのです。

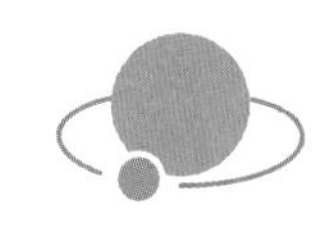

月は1日ごとに歳をとる？

月齢とは朔から経過した時間を日単位で表したものです。

たとえば、3月1日0時0分が朔だとすると、その瞬間が月齢0・0、3月1日の12時0分は月齢0・5、3月2日の0時は月齢1・0、3月2日の12時は月齢1・5という具合です。

このように、月齢は1日ごとに1ずつ増えていき、朔がくると0・0に戻ります。人が生まれたときに0歳で1年ごとに歳をとるように、月は朔で生まれ、1日ごとに歳をとるというわけですね。

月齢は任意の時刻について定義することが可能です。月の見える時刻は毎日変わっていくのでいつを基準にするか難しいところですが、暦に記載される月齢は通常正午を基準にしており、正午月齢と呼ばれています。

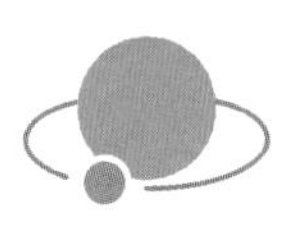

満ち欠けと月齢
——じつは「十五夜は満月とは限らない!?」

太陰太陽暦では新月（朔）＝月齢0・0を含む日が1日（朔日：さくじつ、ついたち）となります。

月齢は1日1ずつ増えていきますから、同様にして月齢1・0を含む日が太陰太陽暦の2日、月齢2・0を含む日が3日ということになります。この3日の夕方、西の空に現れる月が三日月で「朏（みかづき）」と書くこともあります。

このように厳密な意味での三日月は朔から2日しか経っていないのでかなり細いのですが、一般用語としてはもっと太い形でも三日月形と呼ばれています。フランス語ではcroissant（クロワッサン）、あの三日月形をしたパンの名前にもなっています。

さらに数日を経ると、上弦の月を迎えます。上弦や下弦（弦月）はその形から、半月とか弓張月（ゆみはりづき）とか呼ばれることもあります。

満月（月齢14.2）

国立天文台提供

上弦における月齢は、平均的には朔望周期（29・53日）の4分の1の7・4といえますが、月の軌道が楕円軌道であることなどにより、6・6～8・2程度のばらつきがあります。

太陰太陽暦で15日は月齢14・0を含む日であり、朔望周期の半分に近いため、この日の夜すなわち十五夜に出る月はほぼ満月（望、望月）となります。とくに、太陰太陽暦の8月15日は「中秋の名月」と呼ばれ、古くからお月見をする習慣がありました。

実際には、上弦と同様、望における月齢も13・9～15・6程度とばらつきますので、必ずしも十五夜と満月の日付は一致しませんが、月齢から簡単に推測できることもあり、十五夜のことを満月と呼ぶことも多くあります。

そのほかにも十三夜月（13日）、十六夜月（16日）、立待月（17日）、居待月（18日）、寝待月（19日）、更待月（20日）、有明月（夜が明けても沈まずに残っている月）など、月にはさまざまな呼び名があります。

ちなみに、日米欧がチリのアタカマ砂漠で運用しているアルマ望遠鏡のうち、日本のアンテナ（16台）の愛称は「いざよい」（十六夜）に決まりました。

太陽暦（旧暦）の作り方

材料は、新月12～13個、中気12個（二至二分など。二十四節気から一つおきに取り出せばよい）だけです。ただし、使うのは日付のみで、時刻は必要ありません。なお、厳密には旧暦とは天保暦のことを指しますが、ここでは簡略に現代天文学に基づく新月や中気の情報を用います。

1. 太陰太陽暦では新月が各月の1日となりますから、まずは新月の太陽暦での日付を並べましょう。太陽暦とは年の区切りが異なりますから、前後の年の情報も必要となります。

朔（新月）	中気	旧暦月
2019/12/26		
2020/01/25		
2020/02/24		
2020/03/24		
2020/04/23		
2020/05/23		
2020/06/21		

朔（新月）	中気	旧暦月
2020/07/21		
2020/08/19		
2020/09/17		
2020/10/17		
2020/11/15		
2020/12/15		
2021/01/13		

2. 次に、中気をその日付が含まれる月に並べていきます。

朔（新月）	中気	旧暦月
2019/12/26	大寒（十二月中、1/20）	
2020/01/25	雨水（正月中、2/19）	
2020/02/24	春分（二月中、3/20）	
2020/03/24	穀雨（三月中、4/19）	
2020/04/23	小満（四月中、5/20）	
2020/05/23		
2020/06/21	夏至（五月中、6/21）	

朔（新月）	中気	旧暦月
2020/07/21	大暑（六月中、7/22）	
2020/08/19	処暑（七月中、8/23）	
2020/09/17	秋分（八月中、9/22）	
2020/10/17	霜降（九月中、10/23）	
2020/11/15	小雪（十月中、11/22）	
2020/12/15	冬至（十一月中、12/21）	
2021/01/13	大寒（十二月中、1/20）	

3. 中気はそれぞれ何月を表すかが決まっています。それにより、たとえば、雨水を含む月は正月、春分を含む月は 2 月となります。

朔（新月）	中気	旧暦月
2019/12/26	大寒（十二月中、1/20）	十二月
2020/01/25	雨水（正月中、2/19）	正月
2020/02/24	春分（二月中、3/20）	二月
2020/03/24	穀雨（三月中、4/19）	三月
2020/04/23	小満（四月中、5/20）	四月
2020/05/23		
2020/06/21	夏至（五月中、6/21）	五月

朔（新月）	中気	旧暦月
2020/07/21	大暑（六月中、7/22）	六月
2020/08/19	処暑（七月中、8/23）	七月
2020/09/17	秋分（八月中、9/22）	八月
2020/10/17	霜降（九月中、10/23）	九月
2020/11/15	小雪（十月中、11/22）	十月
2020/12/15	冬至（十一月中、12/21）	十一月
2021/01/13	大寒（十二月中、1/20）	十二月

4. 中気を含まない月は閏月とします。ほとんどの場合、以上で完成です。

朔（新月）	中気	旧暦月
2019/12/26	大寒（十二月中、1/20）	十二月
2020/01/25	雨水（正月中、2/19）	正月
2020/02/24	春分（二月中、3/20）	二月
2020/03/24	穀雨（三月中、4/19）	三月
2020/04/23	小満（四月中、5/20）	四月
2020/05/23		閏四月
2020/06/21	夏至（五月中、6/21）	五月

5. ときどき、同じ月に中気が 2 つ入り、中気のない月が複数生じることがあります。このような場合は二至二分を優先する形で調整します。詳しくは、下記 Web をご覧ください。

旧暦 2033 年問題について

https://eco.mtk.nao.ac.jp/koyomi/topics/html/topics2014.html

3 「月の出入り」も変化する

月の観察は夏休みの宿題の定番の１つですが、毎年夏休みの終わり頃になって「月が見えないのですが?」という問い合わせが多いのも事実です。

間際にあわてないよう、月の出入りがどのようになっているのか考えてみましょう。

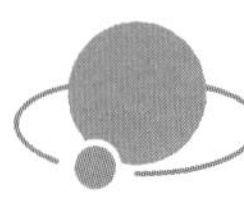

満ち欠けを知れば、出入りもわかる

新月の頃、月は太陽の近くにあります。

したがって太陽と同じように月も朝に昇ってお昼に南中、夕方に沈みます。

翌日、地球が太陽に対して1回転したとき、月は反時計回りに公転していますから（図4－2）、その分だけ余計に自転をしないと月は南中しません。つまり月の南中時刻は日に日に遅くなっていくことになります。

これをふまえれば、新月の頃は太陽と同じ頃に、上弦の頃は太陽の南中から約6時間後に、満月の頃は太陽の南中から約12時間後に、下弦の頃は太陽の南中から約18時間後に月が南中するということがわかりますね。

出入りも含めてまとめると、月の満ち欠けと出入り・南中の関係は上の表の

	月の出	月の南中	月の入り
新月	朝	昼	夕方
上弦	昼	夕方	夜
満月	夕方	夜	朝
下弦	夜	朝	昼

ようになります。

夏休みの終わり頃に下弦となる年は、どんなに夕方に月を探しても見つからないということになります。

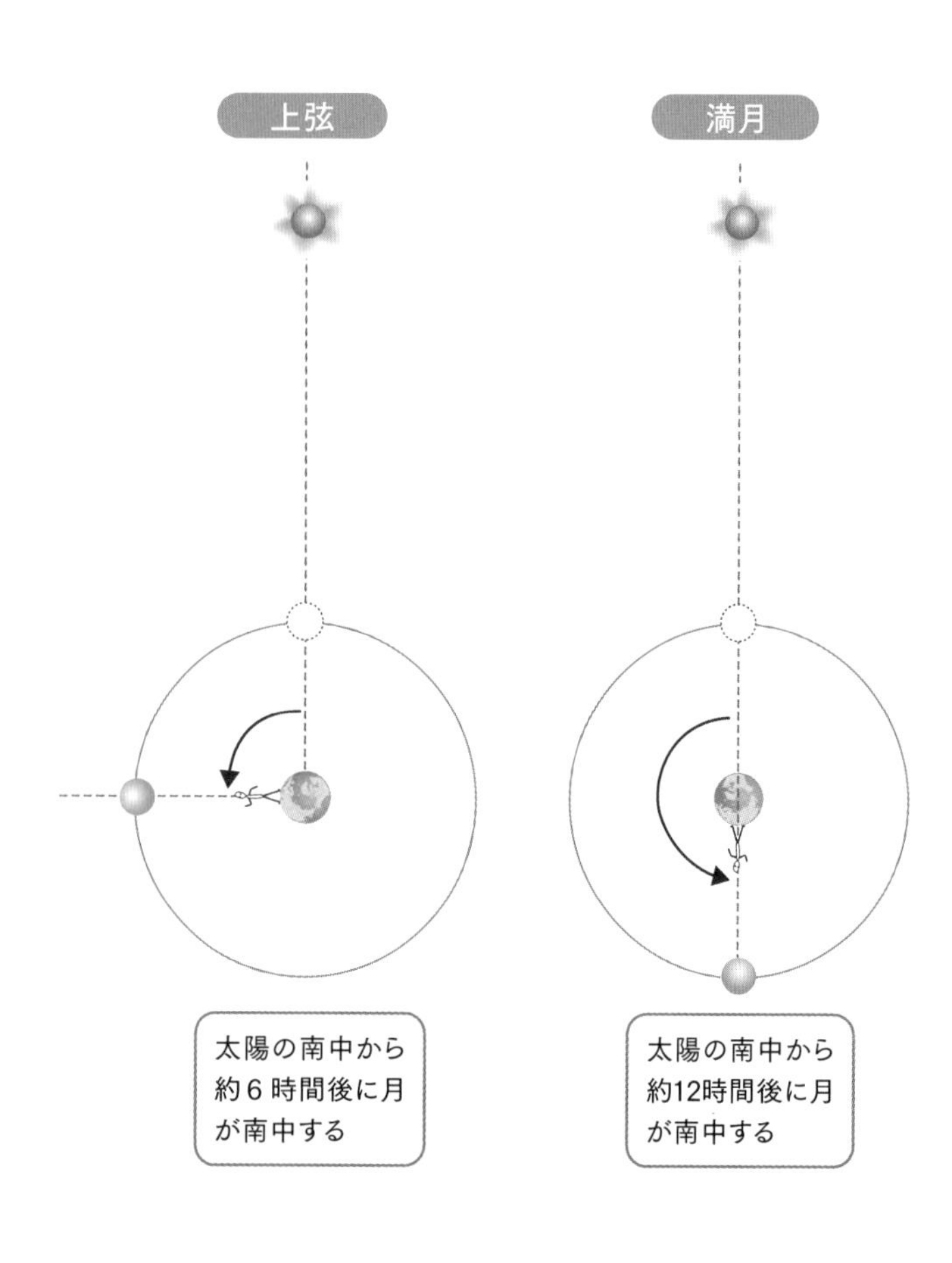
上弦
満月
太陽の南中から
約６時間後に月
が南中する
太陽の南中から
約12時間後に月
が南中する

太陽と月の南中を比べてみよう

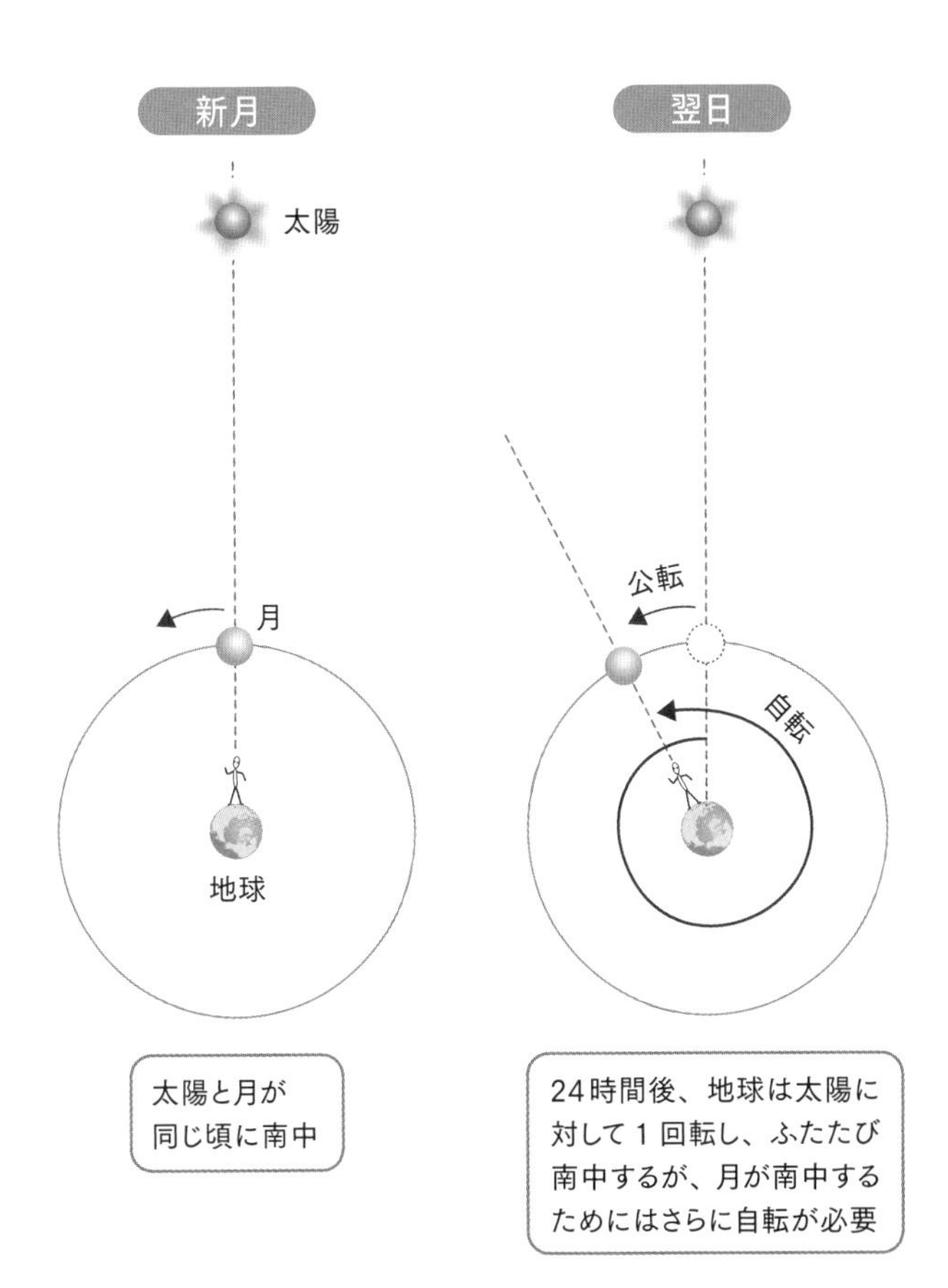

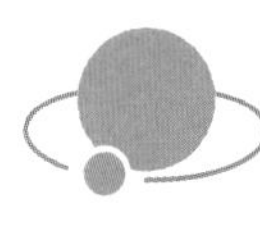

月の出入り・南中がない「日」もある？

月の南中時刻が日に日に遅くなるということは、月の南中時刻の間隔が1日より長いということを意味します。平均的には1・035日（1日＋約50分）間隔です。

このため、たとえば10日の23時30分に月が南中したとすると、次に月が南中するのは1・035日後、12日の0時20分ということになり、11日には月が南中しないということになります。

新聞の暦欄などで月の南中時刻が「--」のように、時刻になっていない日がそのような日です。同様に月の出や月の入りがない日もあります。

神秘的な「日食」「月食」の不思議

1 「日食」って、そもそも何？

日食は、太陽と月が地球から見てほぼ一直線上に並び、太陽の一部または全部が月に覆い隠されて見えなくなる現象です。

太陽の一部が見えなくなるものを部分食、全部が見えなくなるものを皆既食（かいきしょく）、全部隠し切れずに太陽がリング状に残って見えるものを金環食（きんかんしょく）と呼んでいます。近年では 2009 年の皆既食や 2012 年の金環食をご覧になった方もいらっしゃるでしょう。この先では 2030 年 6 月 1 日に北海道で金環食が、2035 年 9 月 2 日に能登半島から関東北部にわたる地域で皆既食が、見られます。

とくに、皆既食では真っ昼間にもかかわらず周囲が暗くなり、コロナ、プロミネンス、ダイヤモンドリングといった神秘的な現象が見られます。皆既食に魅せられ、世界中に日食を見に出かける日食ハンターは今なお増え続けています。

皆既日食

撮影：福島英雄・宮地晃平・片山真人

金環日食

撮影：福島英雄・坂井眞人

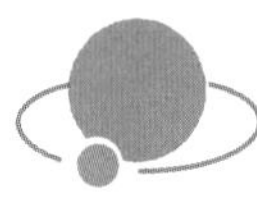

「部分食」「皆既食」「金環食」はどこが違う？

さて、太陽と月が重なるとはどういうことでしょうか。以下のケースが考えられます（図5－1）。

まず、Dさんから太陽と月を見るとまったく重ならず、離れて見えます。なお、太陽は月より400倍ほど大きいのですが、地球からの距離も月より400倍ほど離れているために、見かけ上は同じくらいの大きさに見えます。

次に、太陽と月をクロスするように結んだ線上にいるAさんから見ると、下に太陽、上に月があり、両者がくっついているように見えます。Aさんより内側に入ると太陽の一部が欠けて見えるようになります。これが部分食です。Aさんより内側の領域のことは半影と呼んでいます。

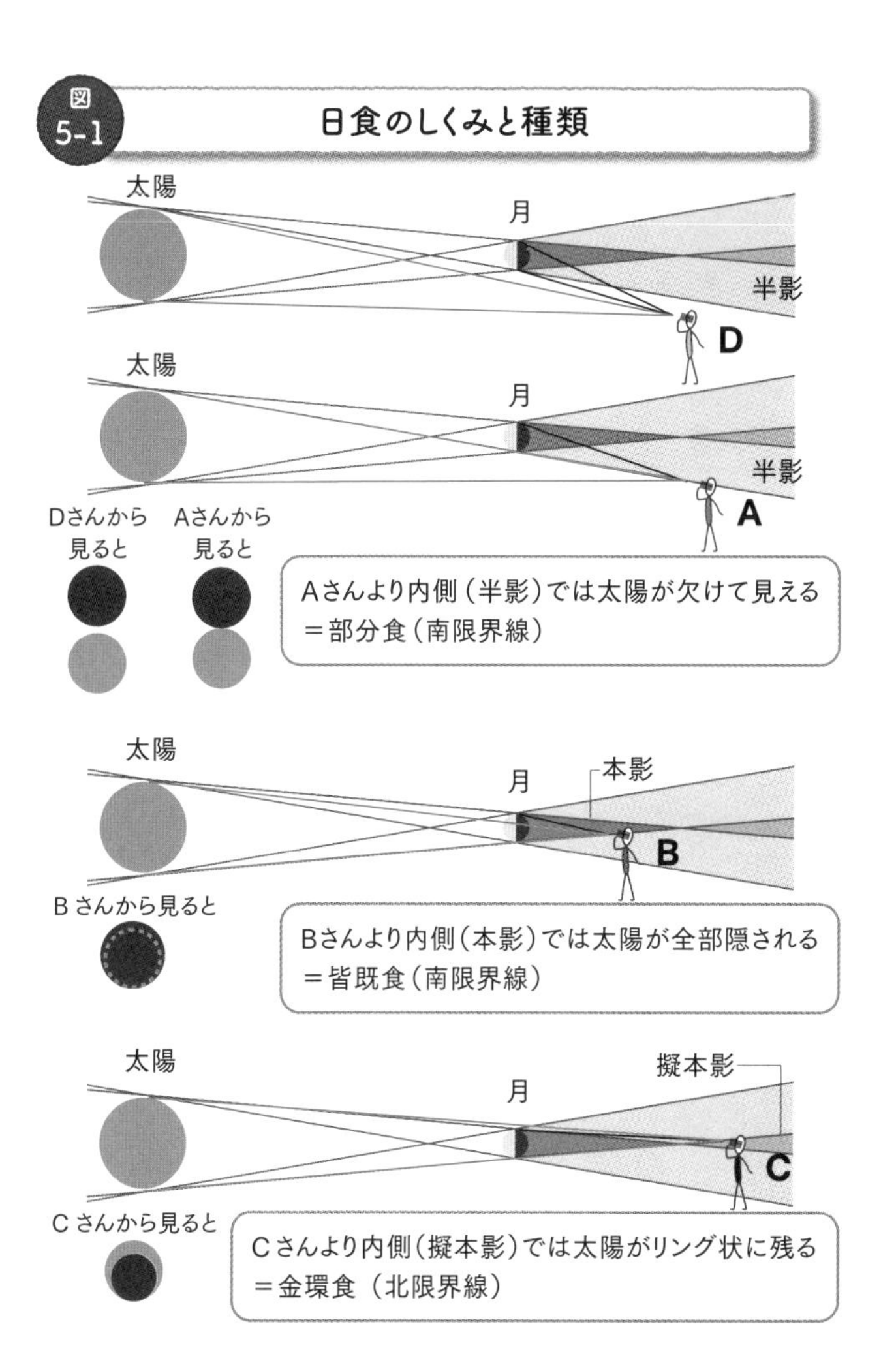
図
5-1
日食のしくみと種類
太陽
月
半影
D
太陽
月
半影
A
Dさんから
見ると
Aさんから
見ると
Aさんより内側（半影）では太陽が欠けて見える
＝部分食（南限界線）
太陽
月
本影
B
Bさんから見ると
Bさんより内側（本影）では太陽が全部隠される
＝皆既食（南限界線）
太陽
擬本影
月
C
Cさんから見ると
Cさんより内側（擬本影）では太陽がリング状に残る
＝金環食（北限界線）

続いて、太陽と月を外側から接するように結んだ線上にいるBさんから見ると、太陽が完全に月に隠されるように見えます。これが皆既食です。Bさんより内側の領域のことは本影と呼んでいます。

最後に、本影の線を延長して交差した先にいるCさんから見ると、太陽は完全には隠れず、リング状に残って見えます。これが金環食です。

ここで、地球も月もケプラー運動をしており、その軌道は楕円になりますから、距離は一定ではなく、近づいたり離れたりします。地球上でどのような食が見えるかは、これらの影のどの部分が地球にあたっているかによって決まるのです。

月が地球に近いと（図5－2上）、本影が地球に届き、本影の中で皆既食、半影の中で部分食が見られます。逆に、遠いと（図5－2下）、本影は届かなくなり、その延長部分で金環食、半影の中で部分食が見られます。

影が南北方向に外れると、半影しか地球に届かず、部分食しか見られないこともあります。この場合でも、地球の周りを周回する人工衛星では皆既食や金環食を観測できることがあります（169ページ写真）。

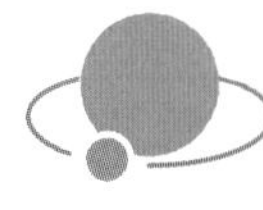

貴重な存在「金環皆既日食」

最初に、太陽は月の約400倍大きいけれど、約400倍遠いので同じ大きさに見えると述べました。ちょうど同じ大きさに見えるのが本影の先端になります。月がもっと大きい、あるいは常に近くにいる場合には皆既食しか見られませんし、月がもっと小さい、あるいは常に遠くにある場合には金環食しか見えません。

近づいたり遠ざかったりして両方が楽しめるのはありがたい偶然の一致です。極端な場合は、地球の半径分の距離で金環と皆既が入れ替わることもあり、これを金環皆既日食と呼んでいます（図5-3）。

月が地球に近いときと遠いとき

皆既日食

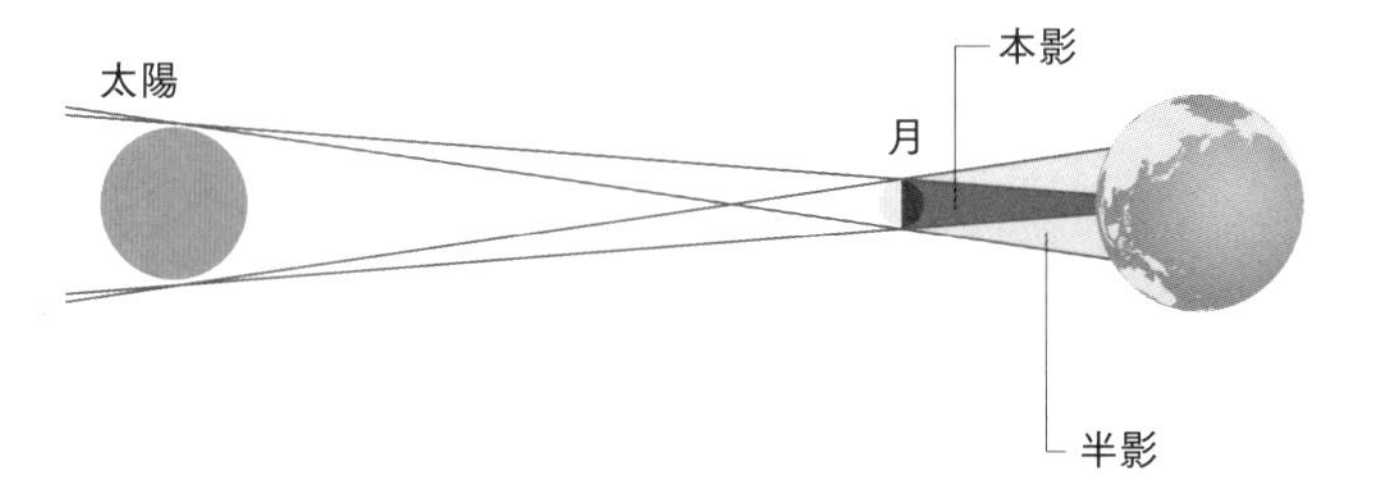

金環日食

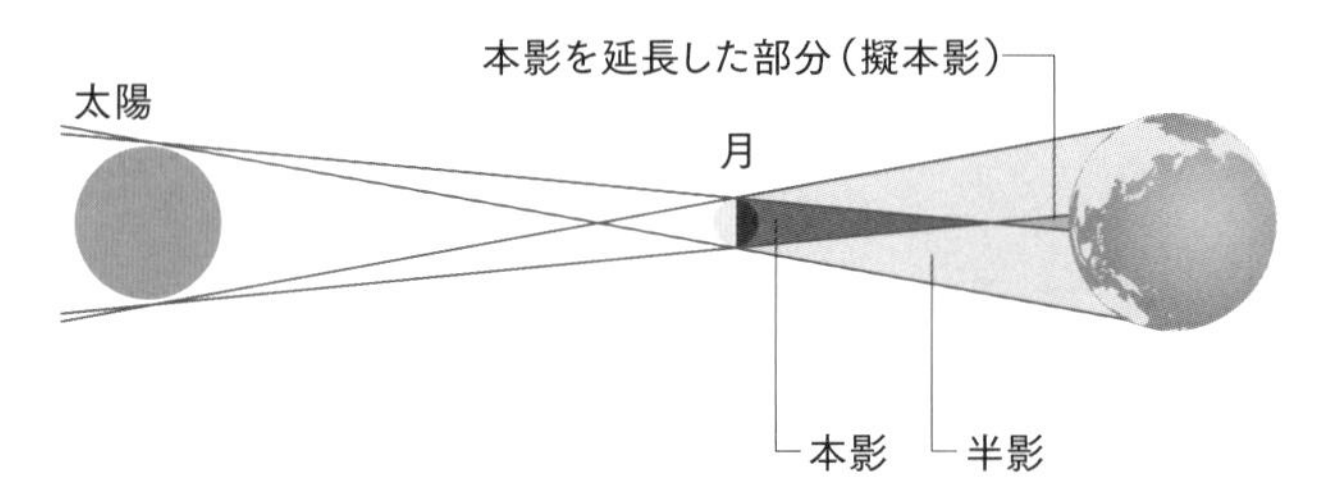

金環皆既日食とは？

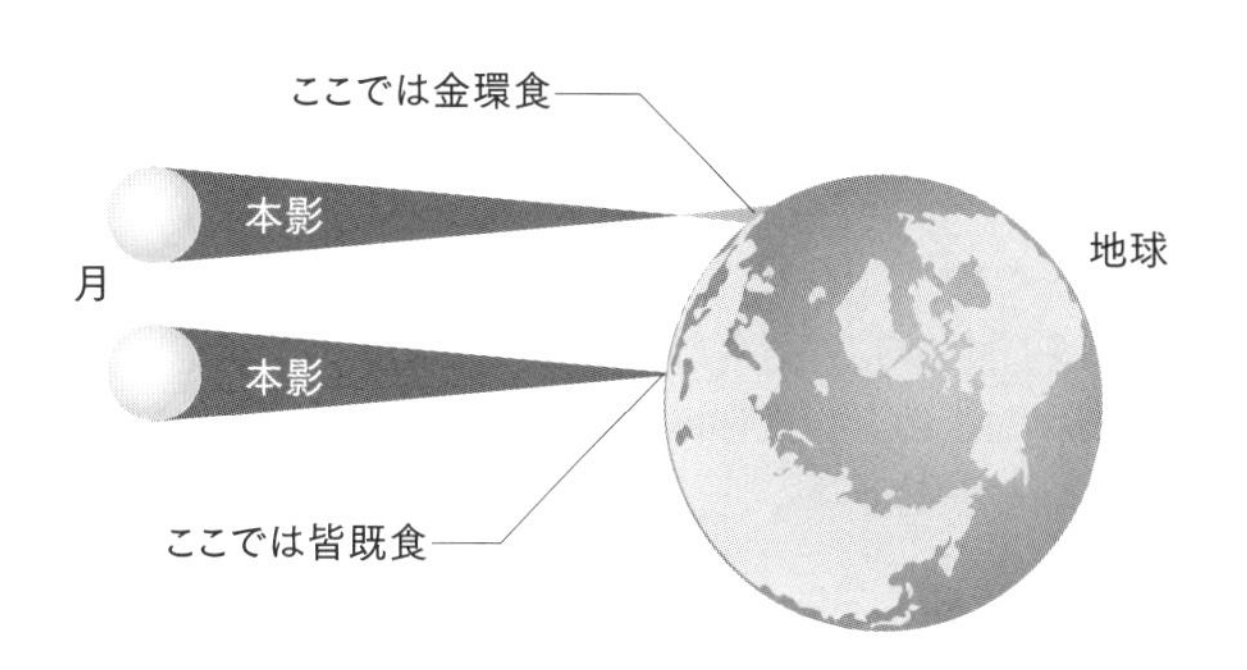

太陽観測衛星「ひので」が見た皆既食（2007年3月19日）と金環食（2011年1月4日）

国立天文台／JAXA 提供

2 「月食」って、そもそも何？

2021年は5月26日に食分1.015とぎりぎり皆既の皆既月食、11月19日に食分0.978とほぼ皆既の部分月食が日本で見られ、注目が集まりました。2022年は11月8日に食分1.364で文句なしの皆既月食が全国で見られます。

月食は月が地球の影に入って欠けたように見える現象ですが、皆既月食といっても真っ黒にはなりません。赤銅色とよく表現されますが、神秘的な赤い色をして見えます。この章では、月食のしくみについて考えることにしましょう。

国立天文台提供

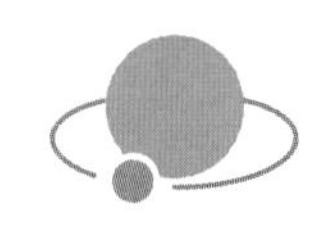

「月食」にも種類がある

月は太陽の光を反射して光っています。月が地球の影に入ると、太陽の光がさえぎられるために欠けたように見えます。これが月食と呼ばれる現象です。月食のときに月を覆う地球の影の形から、アリストテレス（紀元前4世紀頃）は地球が丸いことを理解したといわれています。

日食のときと同様に地球の影には本影と半影がありますが、月が半影の中に入った状態は半影食、一部が本影にかかった状態は部分食、月全体が本影の中に入った状態を皆既食と呼びます。

あれ、日食のときと違うな、と思った方もいると思います。その場合は月から見たときの様子を考えるとよいでしょう。月面上で半影に入った地点では地

図5-4 月食のしくみ

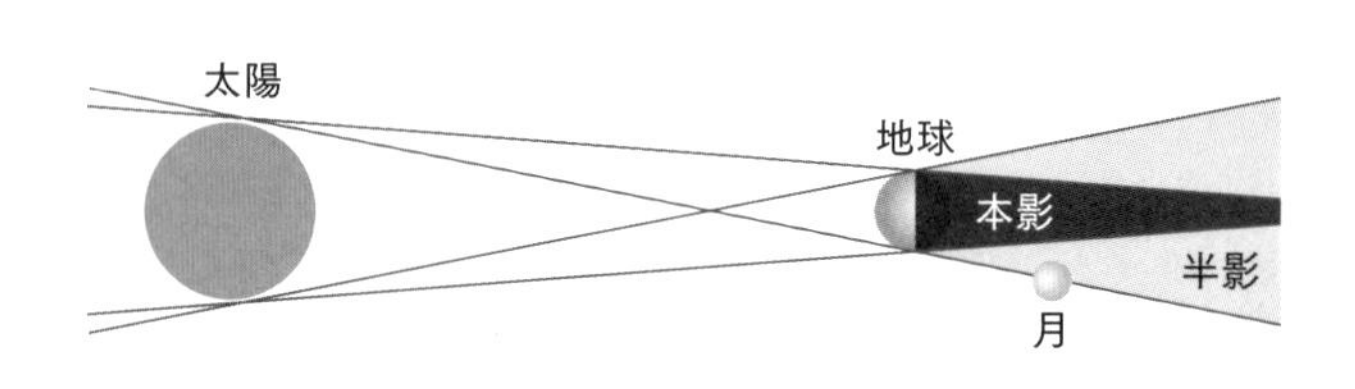

球による部分日食が見えています。そこからは太陽の一部が欠けて見える＝届く太陽光が減る＝その地点の反射も弱くなりますが、ちょっと暗くなる程度、それが半影月食になります（図5－4）。

月が本影にかかると、その地点では地球による皆既日食が見えています。本影にかかる地点には太陽光が当たらず暗くなり、本影にかからない地点は太陽光が当たるので明るい、すなわち部分月食が見られるわけです。そして、月全体が本影の中に入るとすべてが暗くなり、皆既月食になるわけです。

月と太陽が南北方向にずれた位置関係に

なると部分月食のみ、半影月食のみというケースもあります。しかし、日食と異なり、地球は十分大きいので金環月食のような現象は起こりません。

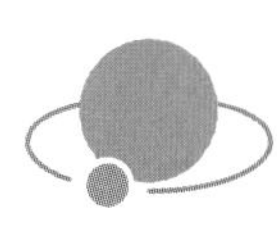

「Blood Moon（血のように赤い月）」が見えるのはなぜ？

月全体が地球の本影に入った場合が皆既月食であると述べました。

では、全体が本影の中なのに真っ暗にならないのはなぜでしょうか。

これには地球の大気が影響しているのです。

2章で、地平線上の太陽は大気の影響により35′程度浮き上がって見えているものであるという説明をしました。太陽と地球を結んだ線に平行に、地球の縁をかすめるように通過した太陽光線は縁までに35′、通り過ぎた後にも同じように35′曲げられるので、合計して最初の向きから70′＝1度10′程度曲げられることになります。

一方、月から見た地球の半径は角度にして1度ほどですから、そのようにして曲げられた光は月に到達することがわかります。実際に、月周回衛星「かぐや」が地球による皆既日食の撮影に成功していますが、地球が大きく太陽をすっぽり覆い隠しているにもかかわらず、縁は明るく輝いていることがわかります。

地平線上にある太陽、すなわち日の出や日の入りの太陽は赤く輝きますね。これは大気が太陽の光の青い成分を散乱しやすいという性質のために赤い光が強くなるからですが、皆既月食中に月に到達するのは、日の出や日の入りの倍の距離だけ大気を通ってきた光ですから、より赤みが増したものになります。そして、この赤い光が皆既月食中の月の色になるわけです。

まるで血のように見えることから「Blood Moon（血のように赤い月）」ともいいます。

なお、この色は大気の状態によっても変わります。過去には大きな火山活動によって火山灰が巻き散らされ、皆既月食中の月が暗くてほとんど見えなくなることもありました。

図5-5 皆既月食中でも太陽からの光は届いている

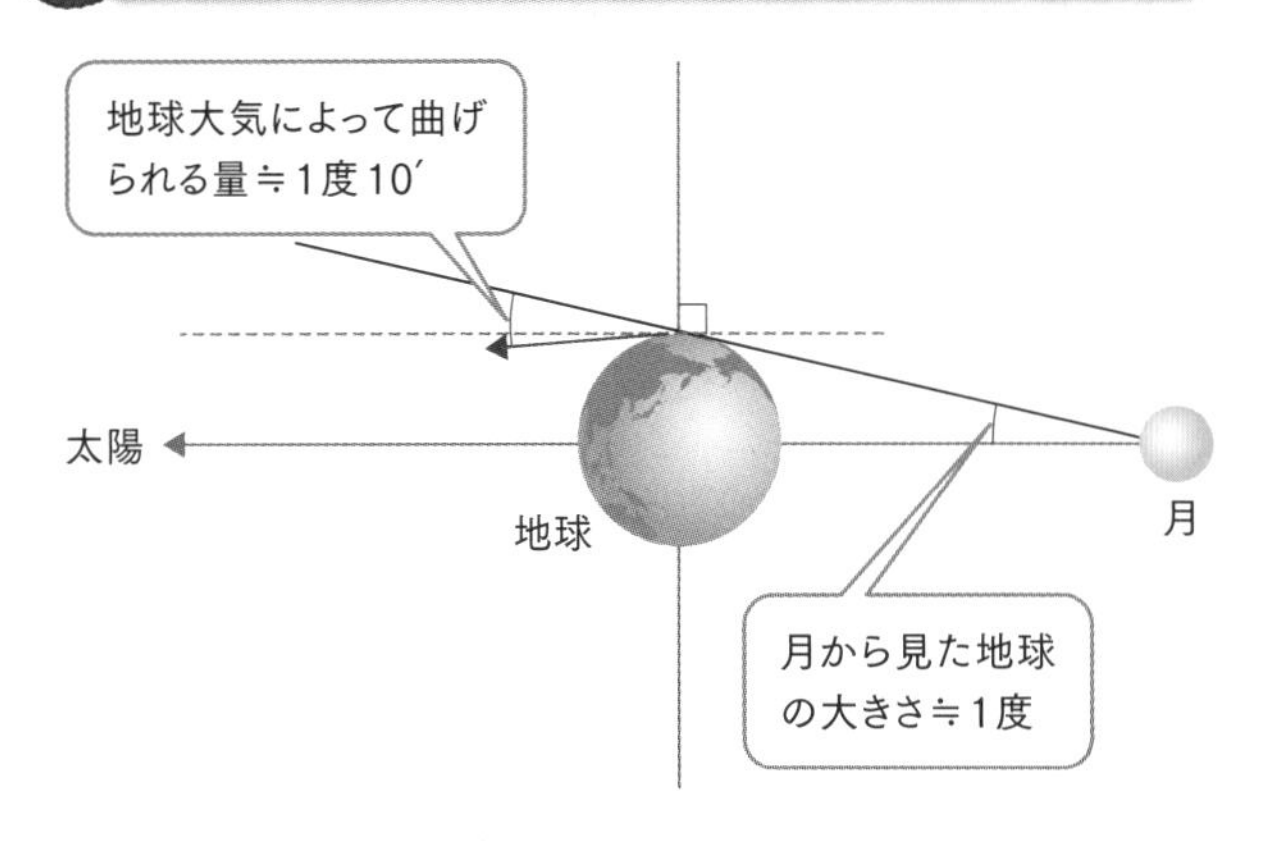

「かぐや」から見た地球による皆既日食

JAXA/NHK 提供

図中で線が途切れているように見えるのは、月のへりに隠れているためです

3 「日食」「月食」は、いつ起こる？

暦の本質は長年にわたる観測によって現象の周期性をとらえ、次にその現象がいつ起こるのかを予測することにあります。

冬至や新月は予測が外れてもあまり気づかれることはありませんが、日食や月食は予測を外すとすぐにばれてしまいます。このため、暦の良し悪しは日食や月食の予報精度で判断されることとなり、江戸幕府天文方にとってはその改良が最重要課題となっていました。

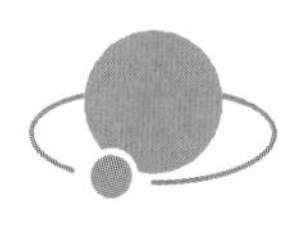

日食が「約半年周期で起こる」しくみ

日食は月と太陽が一直線状に並び、太陽が月によって隠される現象です。

新月も太陽と月が同じ方向になる現象ですが、図5-6のように月の軌道は太陽の軌道（実質的には地球が太陽の周りを公転しているわけですが、地球から見れば、太陽が地球の周りをまわっているように見えます）に対して5・1度ほど傾いているため、新月のたびに日食が起こるわけではありません。2つの軌道の交点付近で新月となったときに日食は起こるのです。

地球から見た太陽は1年で軌道を1周しますから、軌道の交点で新月となる可能性はおよそ半年に1回です。したがって、あるとき日食が起こったら、次に起こるのはだいたい半年≒6朔望月後であるということがいえます。

日食は新月のたびに起こるわけではない

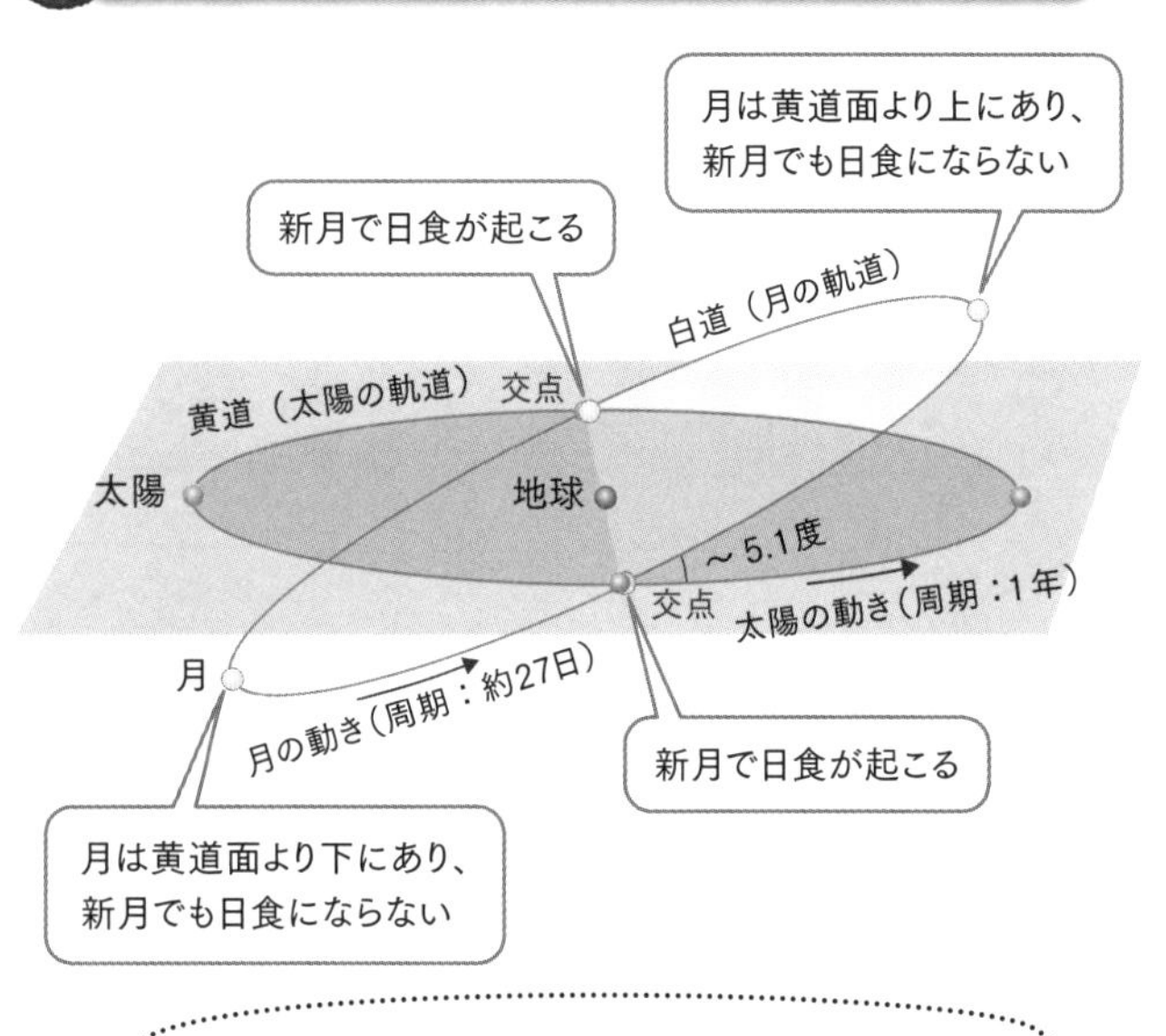

月と太陽が同じ方向に見えるときが新月ですが、月の軌道面は太陽の軌道面に対し、5.1 度ほど傾いていますから、そのたびに日食とはなりません。

以下に日食の一覧表を掲げますので、それぞれの時間間隔を朔望周期（29・5３０５８９日）で割ってみましょう。

すると、確かにほとんどの場合、間隔は６朔望月で、たまに５朔望月や１朔望月が混ざっていることがわかります。さらに長期にわたって調べると、その現れる順番に規則性があることもわかります。

日食の一覧表

年月日	時刻	種類	サロス	日本で見られるもの
2015年03月20日	19時17.1分	皆既日食	120	
2015年09月13日	16時35.3分	部分日食	125	
2016年03月09日	11時05.7分	皆既日食	130	各地で部分食
2016年09月01日	18時18.1分	金環日食	135	
2017年02月26日	23時38.8分	金環日食	140	
2017年08月22日	3時13.2分	皆既日食	145	
2018年02月16日	5時15.1分	部分日食	150	
2018年07月13日	12時09.1分	部分日食	117	
2018年08月11日	18時20.1分	部分日食	155	
2019年01月06日	10時43.7分	部分日食	122	各地で部分食
2019年07月03日	4時21.7分	皆既日食	127	
2019年12月26日	14時14.6分	金環日食	132	各地で部分食
2020年06月21日	15時41.4分	金環日食	137	各地で部分食
2020年12月15日	1時18.2分	皆既日食	142	
2021年06月10日	20時01.1分	金環日食	147	

2021年12月04日	16時56.2分	皆既日食	152	
2022年05月01日	4時40.8分	部分日食	119	
2022年10月25日	19時03.8分	部分日食	124	
2023年04月20日	12時55.6分	金環皆既日食	129	日本の南部で部分食
2023年10月15日	2時36.6分	金環日食	134	
2024年04月09日	3時36.1分	皆既日食	139	
2024年10月03日	4時08.1分	金環日食	144	
2025年03月29日	20時46.3分	部分日食	149	
2025年09月22日	5時50.5分	部分日食	154	
2026年02月17日	20時18.8分	金環日食	121	
2026年08月13日	2時03.9分	皆既日食	126	
2027年02月07日	0時44.5分	金環日食	131	
2027年08月02日	19時01.0分	皆既日食	136	
2028年01月27日	0時24.8分	金環日食	141	
2028年07月22日	12時15.8分	皆既日食	146	
2029年01月15日	2時46.9分	部分日食	151	
2029年06月12日	13時00.1分	部分日食	118	
2029年07月12日	1時14.5分	部分日食	156	
2029年12月06日	0時05.5分	部分日食	123	
2030年06月01日	15時30.8分	金環日食	128	北海道で金環食
2030年11月25日	15時54.3分	皆既日食	133	
2031年05月21日	16時12.3分	金環日食	138	九州南部以南で部分食
2031年11月15日	6時01.0分	金環皆既日食	143	南鳥島で日出帯食
2032年05月09日	22時07.2分	金環日食	148	
2032年11月03日	14時06.2分	部分日食	153	各地で部分食
2033年03月31日	3時33.3分	皆既日食	120	
2033年09月23日	23時37.5分	部分日食	125	
2034年03月20日	19時27.2分	皆既日食	130	
2034年09月13日	1時32.4分	金環日食	135	
2035年03月10日	7時49.7分	金環日食	140	
2035年09月02日	10時43.9分	皆既日食	145	関東北部などで皆既食

＊「サロス」についてはこのあとで説明します。

新月になるのが交点に近いほど、深い日食になる

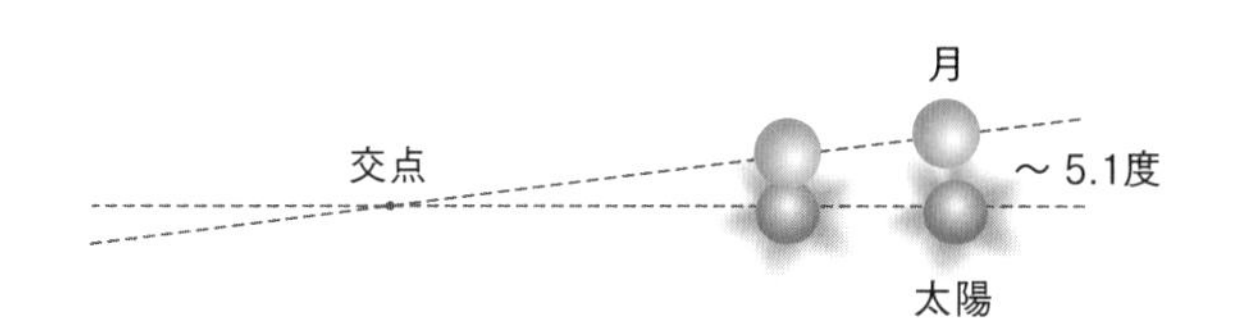

食の深さは新月の際に、どれだけ太陽と月が近づいているかによって決まります。図5－6は地球から見た太陽と月の位置関係ですが、新月になるのが軌道の交点に近いほど、深い日食になることがわかります（図5－7）。

この距離は交点を基準とした月の周期である交点月（27・2122日）を使うとおおよそ予測することができます。

ここでちょっと計算すると、242交点月と223朔望月はほぼ等しく、18年と11日ほどになることがわかります。これは、ある日食から18年と11日ほどあとに、太陽と月は交点から同じくらい離れたところでふたたび出合うことを意味します。

さらにいえば、先ほど述べた6、5、1朔望月の並びもこの周期で一巡しているのです。この周期は「サロス周期」と呼ばれ、紀元前6世紀頃には既に知られていたといわれています。

さらに、金環か皆既かを予測するには距離の情報も必要です。これは月が近づいたり遠ざかったりする周期である近点月(27・554550日)から予測することになりますが、うまいことにこれも239近点月がほぼサロス周期に近く、したがってサロス周期だけ離れた日食(同じサロス番号をもつ日食)はとても性質の似た日食になるのです。

0.5度以上離れたら、日食にならない?

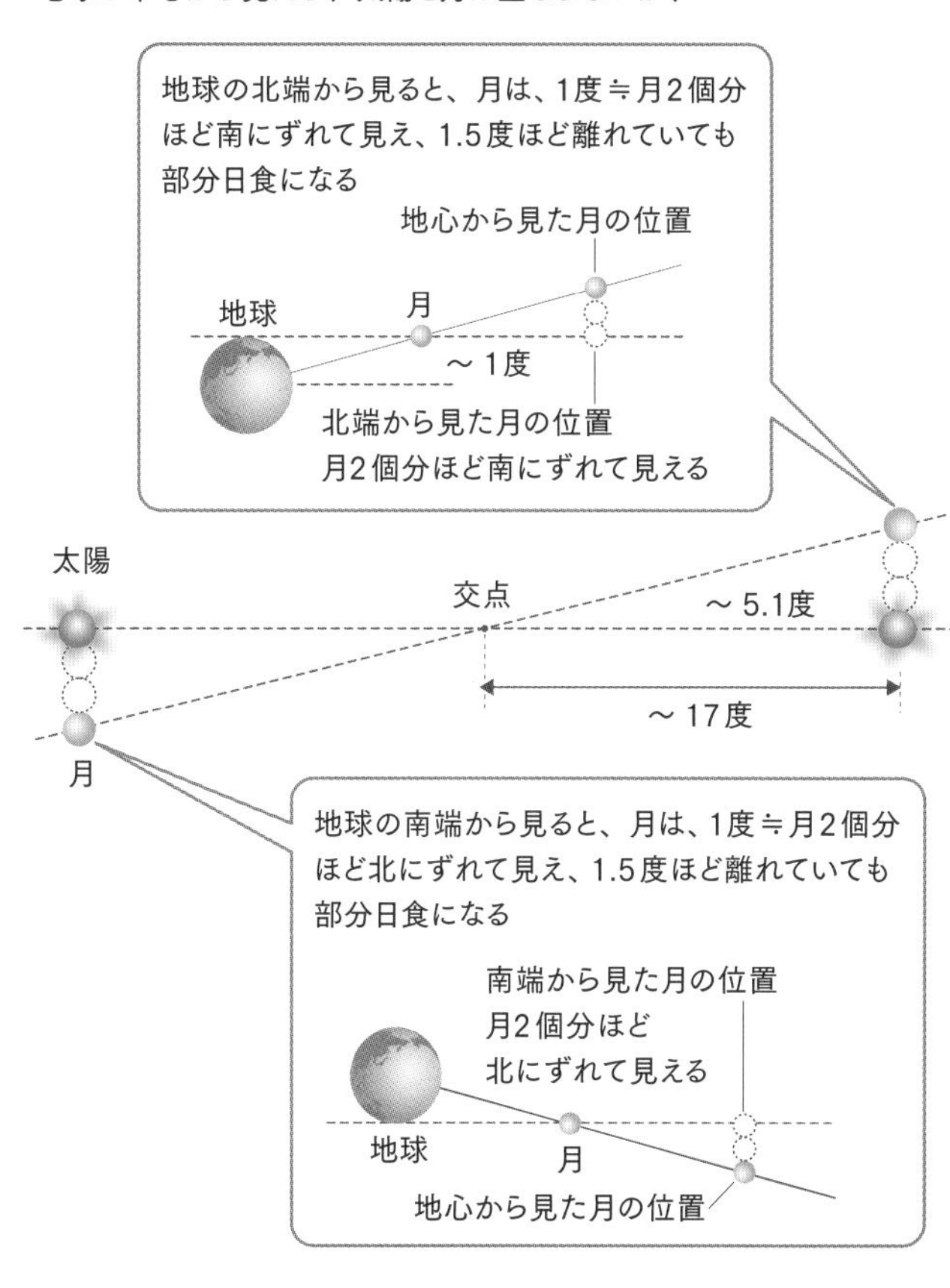

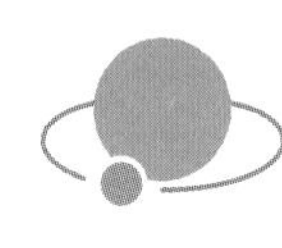

日食、北から見るか？　南から見るか？

太陽や月の見かけの大きさ（半径）は角度にして約15′＝0・25度です。図5－7を見ると、太陽と月が0・5度以上離れたら日食は起こらないように思えます。

ところが、月はたいへん近い天体なので、地球の中心から見て太陽と重なる方向にあっても、地球の端からは約1度、すなわち月丸2個分離れて見えるので重なりません（図5－8）。

逆にいえば、地球の中心から見て太陽と月が最大1・5度離れていても、地球の端では部分日食が起こりえます。これと軌道の傾き5・1度から、日食が起こるのは交点から±17度以内で新月となるときだといえます。

太陽は1日約1度動きますから、日数でいえば±合計して34日ほどの期間のどこかで新月となればよいわけです。

朔望周期は29・530589日ですから、そのような条件は必ず成立するどころか、一方の端で日食となった1朔望月後にふたたび他方の端で日食になることもありえます。

その場合、一方は地球の北端、他方は地球の南端付近で見られ、どちらも部分食になることは容易に想像できると思います。

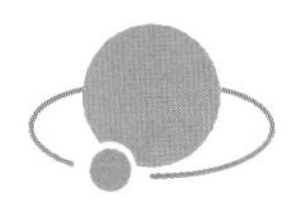

日食と月食では、どっちが多く見られる？

日食が起こるとき、太陽は軌道の交点付近にいますから、半月前あるいは半月後の満月では太陽－地球－月が一直線上に並んで月食になる可能性がありま す。そして、太陽の代わりに地球の影を用いると日食の周期と同じように考えることもできます。

ここでは、あえて視点を変えて、月から見た状況で整理してみましょう。月から見ると地球の見かけの大きさ（半径）は約1度、月の中心で見たときと端で見たときの差は０・２５度になります。先ほどと同様に、月から見て部分日食が見える条件は０・２５度ずれて太陽と地球が接することですから、１・５度となります。

しかし、月面上で部分日食ということは太陽の光がまだ届いており、少し暗くなるだけです。すなわち地球からは半影月食の状態にあるわけです。地球から見て部分月食になるためには、さらに近づいて月から皆既日食が見られる条件が必要で、１度になります。

先ほどのように日数に直すと、±11日、合計22日となります。これは朔望月よりも短いですから、月食は必ず起こるとは限らないことがわかります。

感覚的に日食よりも月食のほうが多いと感じているかと思いますが、じつは日食のほうが多いのです。

図 5-9

月食になるのは?

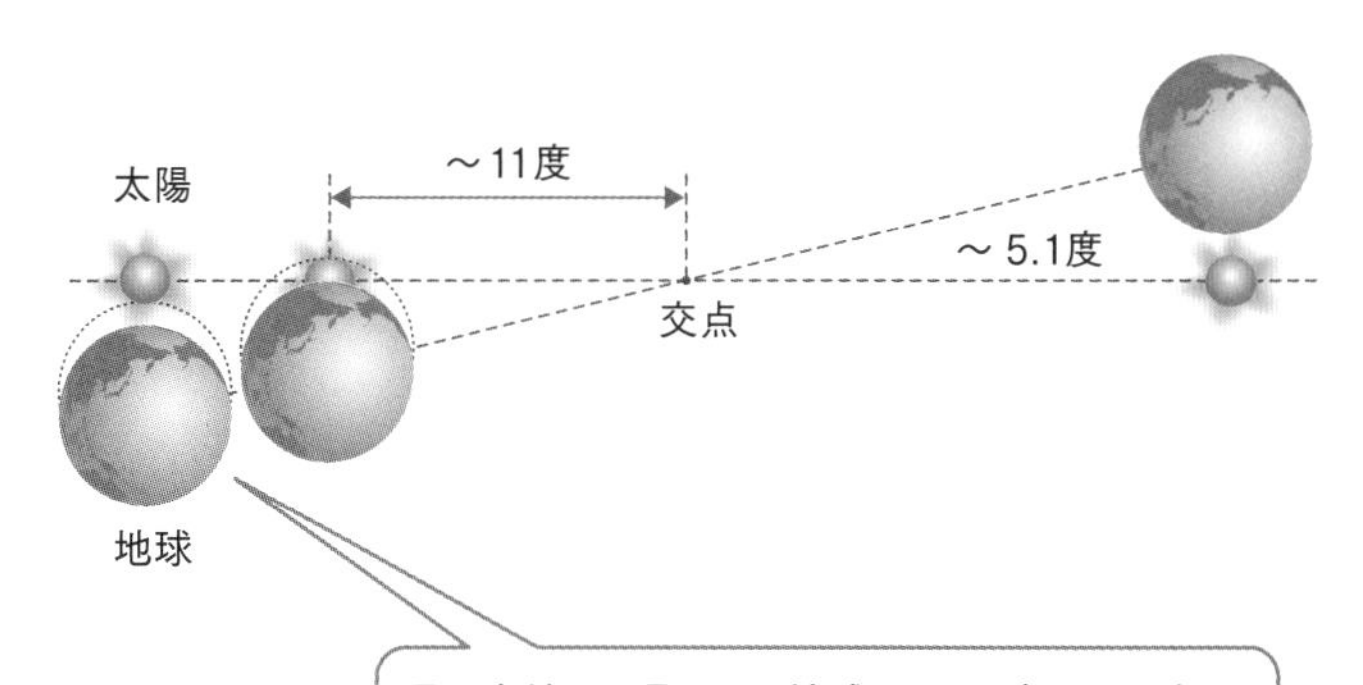

月の南端から見ると、地球は0.25度≒1/4個分ほど北にずれて見え、1.5度ほど離れていても部分日食になる。
しかし、月面上で部分日食ということは太陽の光がまだ届いており、少し暗くなるだけ。
すなわち、地球からは半影月食の状態である。
地球から見て部分月食になるためには、さらに近づいて月から皆既日食が見られる地点が必要。

そう感じるには理由があります。

月食は月が地球の影に入る現象ですから、自分がどこにいようと現象自体に影響はありません。つまり、月さえ見えていればどこでも同じように月が欠けていくのが見られるのです。

これに対し、日食は自分がその影の中に入らないと見えません。地球上のどこかで起きているだけでは不十分です。このため、同じ場所で見ていると、月食のほうが日食よりも回数が多くなるのです。

「潮の満ち干」が、時間を狂わせている!?

1 「潮汐」は、なぜ起こる?

潮汐とはさんずいに朝・夕と書くように、1日に2回ずつ、潮が満ちたりひいたりする現象のことです。潮の満ち干とか、満潮、干潮、合わせて干満とかいうこともあります。

Time and tide wait for no man.（歳月人を待たず）というくらい、人類が生まれるはるか以前から潮の満ち干は続いてきました。

潮がひいた海では、潮干狩りが楽しめたり、普段は海に沈んでいる道が現れたりするところもあります。

また、アマゾン川や中国の銭塘江では、毎年特定の時期に潮の満ち方が激しくなり、海水が川を逆流する現象が見られます。

この節では、潮汐のしくみについて考えることにしましょう。

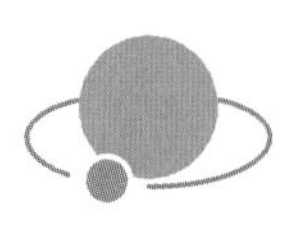

月の引力で「地球が伸びている!?」

潮汐は、地球が月の引力によって変形させられることにより起こる現象です。

月が地球を引っ張る状況を考えましょう（図6-1）。

ニュートンの万有引力の法則によれば、物体が物を引っ張る力はその質量に比例し、距離の2乗に反比例します。すると、地球の中心よりも、月側にいるAさんは強く引っ張られ、地球は月の方向へと伸ばされるようになるのです。

とくに海水は陸地よりも動きやすいので大きく変化し、海水面が上昇、すなわち満潮になります。

ここで、月と反対側にいるBさんはどうなるのでしょう。

Aさんとは逆にへこむのでしょうか。

Bさんは中心よりも引っ張られる力が弱いですから、中心においていかれる

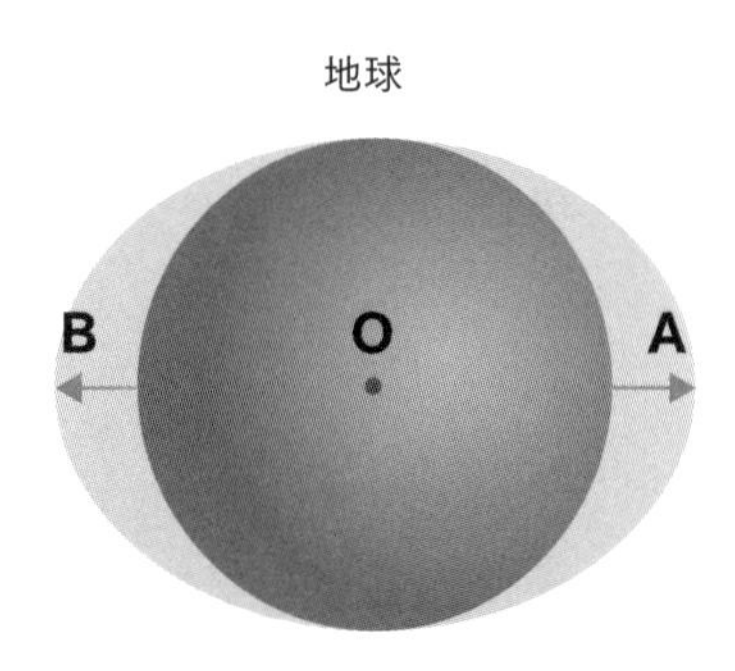

その結果、地球は月の方向と、
その逆方向に引き伸ばされる！

図 6-1 潮汐が起きるしくみ

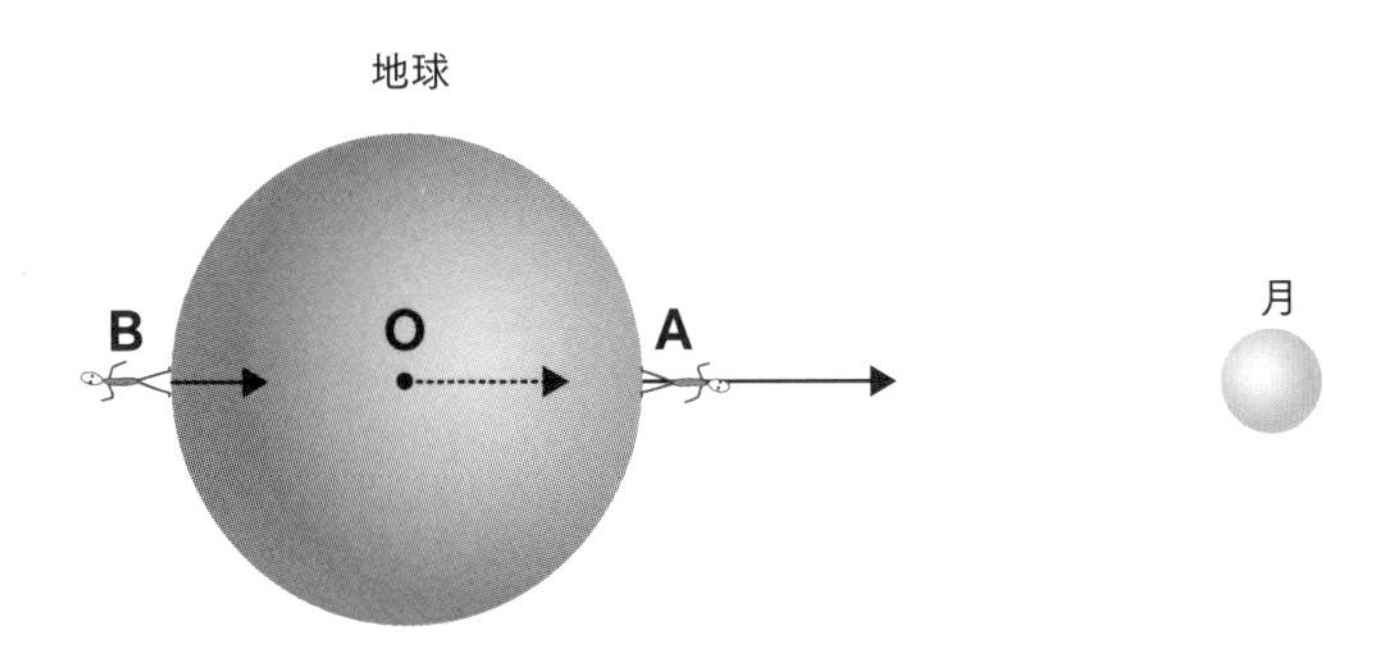

Bさんは地球の中心よりも**弱い力**で引っ張られている

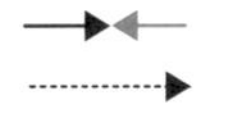

Bさんは地球の中心に対して**左向き**に変形させられる

Aさんは地球の中心よりも**強い力**で引っ張られている

Aさんは地球の中心に対して**右向き**に変形させられる

ような格好になります。これは月の反対方向へと引っ張られるのと同じことで、Bさんの側でも満潮になります。

このように、月の引力によって、地球は月の方向とその逆の両方に引き伸ばされて満潮となり、それと直交する方向では干潮となるわけです。

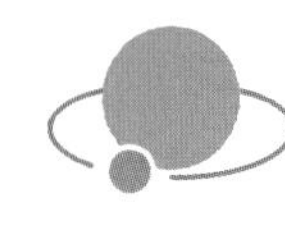

じつは「太陽も地球を伸ばす」

月のほかに、太陽の引力によっても地球は変形します。このため、新月のように、太陽と月が同じ方向にあると地球の変形は大きくなります。反対側でも同じ方向に伸びますので、満月のときも同様です。

このような満潮と干潮の変化が激しくなることを「大潮（おおしお）」と呼びます。

逆に、上弦や下弦の月のときは、互いに変形を打ち消し合ってしまうので満潮と干潮の差は小さくなります。これを「小潮（こしお）」といいます。

図 6-2

潮汐と地球の自転

月が地球の赤道面上にあるとき

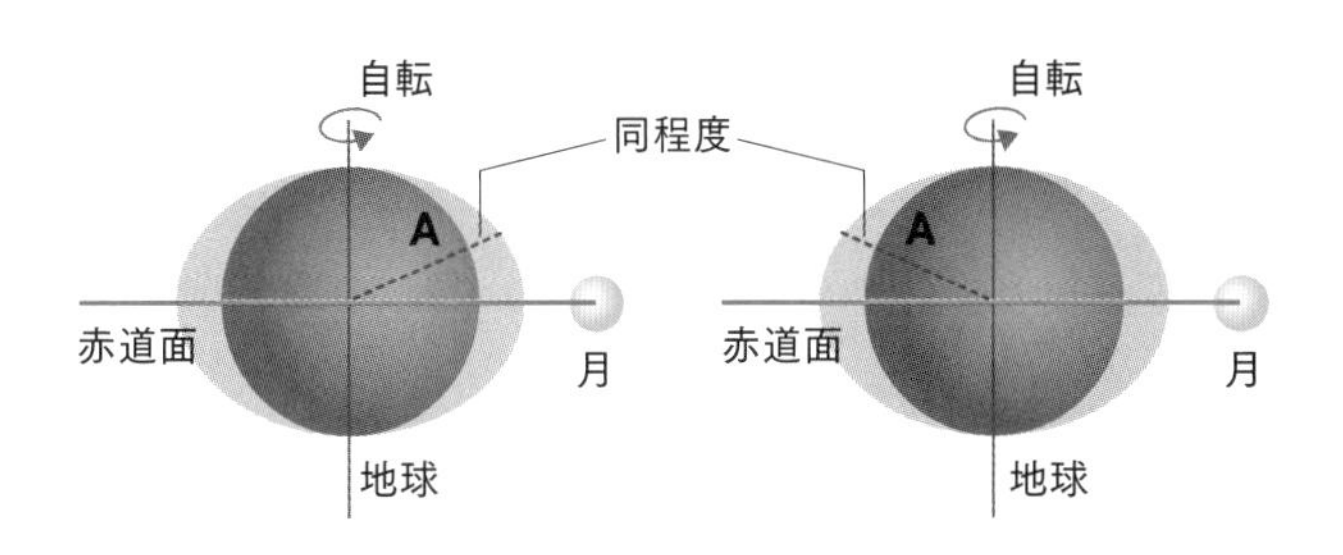

月が赤道面より北側にあるとき

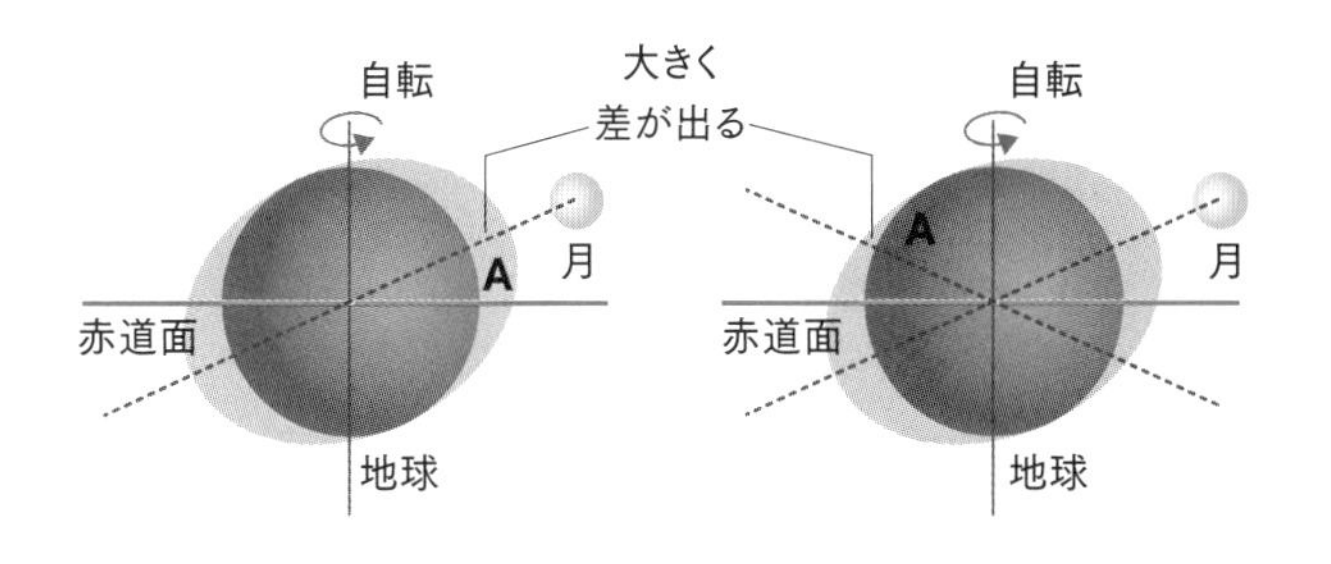

「満潮」「干潮」が1日1回ずつということもある？

また、1日2回の満潮どうし、あるいは干潮どうしを比較しても、必ずしも同じようになるわけではありません。これは地球の自転軸と月との位置関係を考えると理解できます。

月が地球の赤道面上にあるときは、Aさんのいる場所（図6－2）での満潮（あるいは干潮）は同じくらいになります。

月が北側にあるときは、同じ満潮といっても大きな差がありますね。低いほうの満潮と高いほうの干潮が同じくらいになって満潮干潮が1日1回ずつになることもあります。

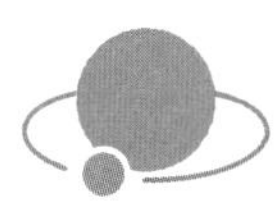

「満潮」「干潮」は、いつ？

潮汐はどのような時間間隔で起こるのでしょう。

潮汐の原因は主に月と太陽ですが、太陽は月に比べてたいへん遠くにありますから、月の半分程度の作用しか及ぼしません。

したがって、1日1日の単位では月の動きに合わせて満潮・干潮が2回ずつ起こり、月の満ち欠けとともにその大きさは変化するということになります。

月の南中時の間隔は平均24時間と50分ほどで、月の側とその反対側が満潮になることから、潮汐の周期はその半分の平均12時間25分ほどといえますが、月の南中時の変動と太陽の影響もあって、かなり大きく変動します。

さらに、月が南中する瞬間に満潮になるわけではありません。動きやすいとはいえ海水が移動するには時間がかかりますし、大陸の存在、湾の地形、海流、海底との摩擦などさまざまな要因により、どれだけ遅れるかは大きく変化します。各地の詳しい時刻は海上保安庁海洋情報部（https://www1.kaiho.mlit.go.jp）の出している情報などをご利用ください。

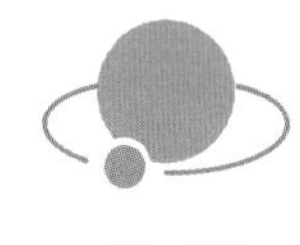

潮汐のおかげで「土星の衛星に生命が存在する？」

潮汐によって伸びたり縮んだりすると、摩擦熱で温度が上がります。

土星は地球の9・5倍も太陽から離れており、極寒の世界ですが、土星探査機カッシーニの観測により、その衛星エンケラドゥスから多量の水蒸気や氷の粒が噴出していることがわかりました。これは土星による潮汐変形の作用が原因であるといわれています。

もしかすると、そのエネルギーのおかげで生命が存在しているかもしれません。

2 「潮汐」は時間を狂わす?

2章では、1日とは太陽が南中してから次に南中するまでの時間間隔であり、地球の自転にもとづいているという話をしました。

人類が誕生するはるか以前から、日の出入りや南中は繰り返されてきたわけですが、まったく変化がなかったわけではありません。古生物の年輪・日輪からは4億年ほど前には1年が400日であったということが知られています。

一方、古代の日食や月食の記録を調べると、月の満ち欠けの周期が現在とは異なっていることが判明しました。これは月が次第に加速していくことを意味していますが、ニュートン力学ではうまく説明することができませんでした。

この、一見まったく異なる現象がじつは潮汐というキーワードでつながるのです。

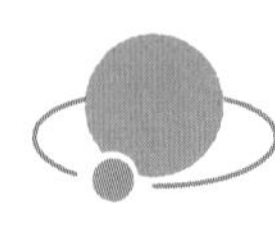

1日の長さは「同じではない!?」

前節で述べたように、潮汐により地球が変形するにはある程度の時間がかかります。その間にも地球は自転しますから、変形した方向は月よりも前を向く格好になります。

このような状況で地球上のAさん、Bさんの受ける力の向きを考えてみましょう。

中心が引っ張られる成分を取り除くと、AさんもBさんも（図6－3）地球の自転と反対方向に力を受けることがわかります。このように、潮汐の働きによって、地球の自転はだんだん遅くなっていくのです。

地球の自転が遅くなると、1日＝太陽の南中から南中までの時間間隔は長くなります。逆にいうと、昔は自転が早いので1日は短いということです。

潮汐が起こると……

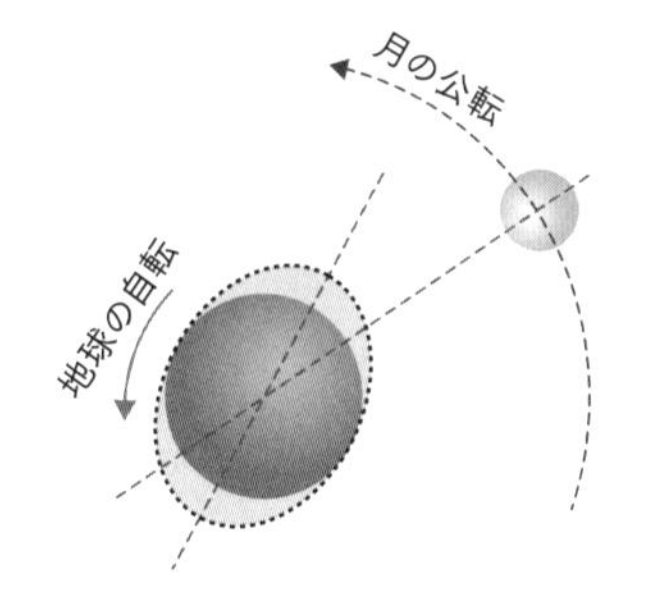

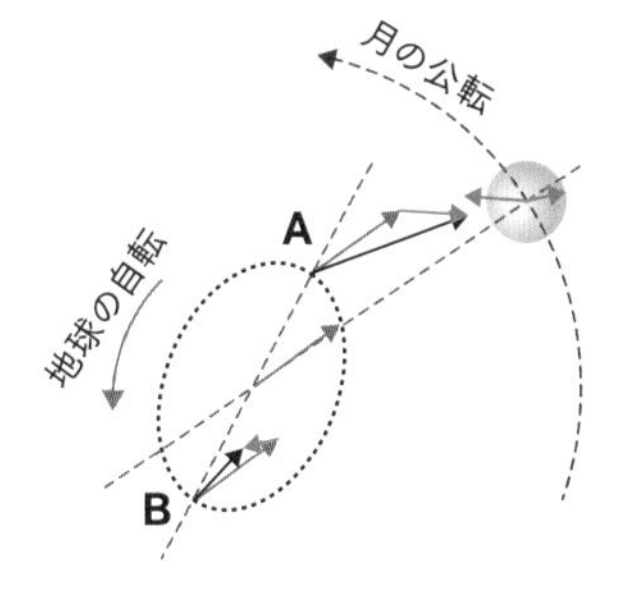

潮汐作用で変形する方向は月よりも前方

AもBも自転の逆方向に力を受けて自転は減速。一方、月は公転方向に引っ張られる地球の公転周期はそれほど変化しませんから、1年が400日というのもうなずける話です。日食の観測記録などから、100年あたり2ミリ秒ほどの速さで1日は長くなっているといわれています。

このまま自転が遅くなっていき、月の公転速度に近づくとどうなるでしょう。変形を受ける場所が固定され、常に同じ面が月を向くようになると考えられます。ある天体に対して常に同じ面を向ける天体、そう、月がそうですね。月も地球の引力によって潮汐変形を受けているのです。

月の場合は表（地球側）と裏（地球と反対側）に大きな違いがあり、必ずしも潮汐の作用だけでそうなったとは限らないのですが、自転と公転の周期が等しく、母天体に対して常に同じ面を向ける惑星や衛星はたくさん存在します。

一方、月は公転方向に引っ張られる格好になり、加速していきます。そして、加速した月は地球の引力を振りきるように、次第に遠ざかっていくのです。遠ざかる速さは、最近の観測によると、1年間に3・8センチ程度です。

1日の長さの変動（86400秒からの超過量）

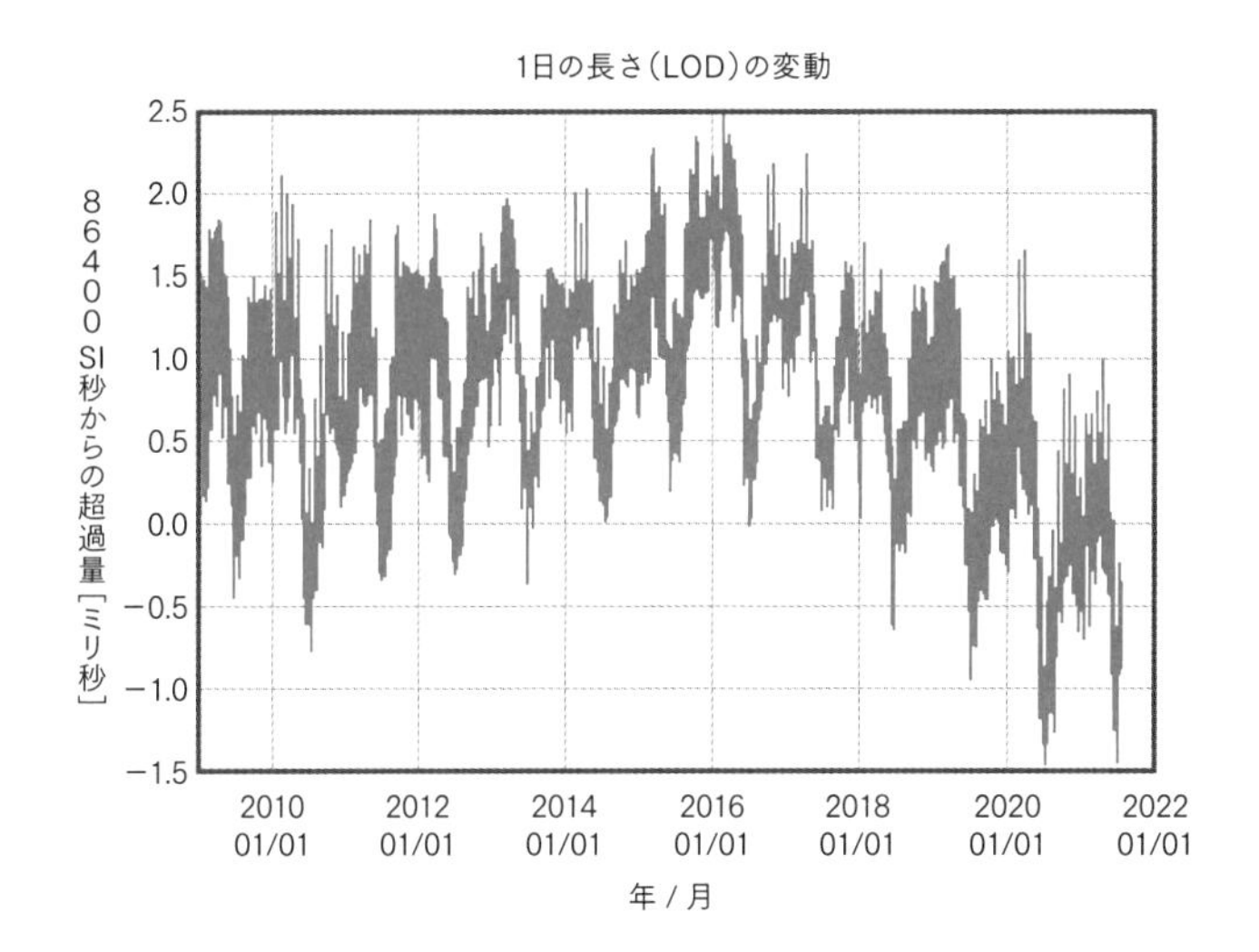

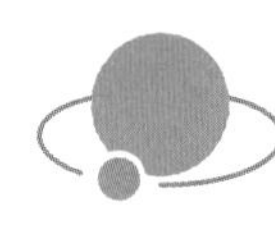

1秒のずれを戻す「閏秒」って何？

時計の精度が十分でなかった1950年頃までは、地球の自転をもとに1日や1秒を定義していたので、1日＝86400秒であり、観測のほうに時計を合わせていました。

しかし、現代では精度の高い原子時計によって1秒が定義されており、1日の長さの変化を観測することができます。2010年代には地球の自転をもとにした1日はおおむね86400秒よりも1ミリ秒ほど長くなっていました（図6－4）。

1ミリ秒などわずかだと思うかもしれません。

しかし、1年＝365日後には0・365秒の差になり、2～3年後には1

秒の差が生じることになります。この差を埋めるものが閏秒(うるうびょう)です。

1分は60秒ですから、58秒、59秒、0秒、1秒のように進むのが普通ですね。しかし、閏秒を挿入する時は58秒、59秒、60秒、0秒、1秒のように進みます。このようにして機械的に86400秒で1日を刻んだ時刻（原子時）を地球の自転に合わせた時刻（世界時）に戻してあげているのです。

最近では2017年の1月1日に1秒挿入されました。しかし、2020年頃には1日の長さはほぼ86400秒に等しくなり、閏秒を挿入する必要がなくなっています（図6-4）。

このように、機械的な時刻と自然の時刻の間をとりもつ存在の閏秒ですが、最近では、時刻が連続的にならないことや、閏秒が挿入される時期が予測できないことなどへの不満から、閏秒をなくそうという動きが出ています。

10年以上にもわたる議論の後、2012年1月の国際電気通信連合の無線通信部門の総会で採決する予定でしたが、賛成・反対の溝は埋まらず、事情がわからないとして意見を保留する国も多数あったため、結局2015年の総会まで先送りされることになりました。
しかし、その2015年の総会でも変更には至らず、現在及び将来の時刻系についてさらなる研究を行い、2023年の総会に再度提案することになっています。

本書は、ベレ出版より刊行された『暦の科学』を、文庫収録にあたり再編集のうえ、改題したものです。

片山真人（かたやま・まさと）
国立天文台天文情報センター暦計算室長。
一九七一年、新潟県生まれ。東京大学大学院総合文化研究科修士課程修了。海上保安庁海洋情報部にて天体位置表などの暦を担当。その後、現職。太陽系天体の軌道計算、暦の編纂、さまざまな天文現象の予報や情報提供に取り組んでいる。
著書に、『これから見られる日食と月食データブック』（誠文堂新光社）がある。

知的生きかた文庫

知れば知るほど面白い暦の謎

著者　片山真人
発行者　押鐘太陽
発行所　株式会社三笠書房
〒一〇二―〇〇七二　東京都千代田区飯田橋三―三―一
電話〇三―五二二六―五七三四〈営業部〉
〇三―五二二六―五七三一〈編集部〉
https://www.mikasashobo.co.jp
印刷　誠宏印刷
製本　若林製本工場

ISBN978-4-8379-8763-5 C0130

知的生きかた文庫

知れば知るほど面白い宇宙の謎

小谷太郎

宇宙はどのように「誕生」したか？　宇宙に「果て」はあるのか？ないのか？「最期」はどうなるか？　元NASA研究員の著者が「宇宙の謎」に迫る！

時間を忘れるほど面白い 雑学の本

竹内 均【編】

1分で頭と心に「知的な興奮」！ 身近に使う言葉や、何気なく見ているものの面白い裏側を紹介。毎日がもっと楽しくなるネタが満載の一冊です！

できる人の 語彙力が身につく本

語彙力向上研究会

あの人の言葉遣いは、「何か」が違う！「舌戦」「仄聞」「鼎立」「不調法」「鼻薬を嗅がせる」「半畳を入れる」……。知性がきらりと光る言葉の由来と用法を解説！

気にしない練習

名取芳彦

「気にしない人」になるには、ちょっとした練習が必要。仏教的な視点から、うつうつ、イライラ、クヨクヨを〝放念する〟心のトレーニング法を紹介します。

頭のいい説明「すぐできる」コツ

鶴野充茂

「大きな情報→小さな情報の順で説明する」「事実＋意見を基本形にする」など、仕事で確実に迅速に「人を動かす話し方」を多数紹介。ビジネスマン必読の1冊！

C50332